普通高等教育仪器类"十三五"规划教材

Protel 99SE 电路设计与应用

付　华　　徐耀松　　王雨虹　主　编

卢万杰　　谢国民　　王大勇　　初淑香　副主编

電子工業出版社·
Publishing House of Electronics Industry
北京·BEIJING

内 容 简 介

　　本书以电路板设计的基本流程为主线，介绍了电子线路设计软件 Protel 99SE 的应用方法，包括电路原理图设计、元器件设计、印制电路板设计的实例和技巧。内容上循序渐进，突出专业知识的综合应用。利用二维码技术扩展了教学内容和教学资源。全书共分 10 章，从软件的环境设置与使用、原理图设计、常用报表的生成、元件库的建立、PCB 设计、元件封装的设计等方面进行了详细介绍。本书结构合理、内容翔实、实例丰富，具有较高的应用性。

　　本书可供电路设计软件的初学者学习使用，同时面向从事原理图和 PCB 设计的专业人员及对电路板设计感兴趣的电子爱好者，也可作为高等院校测控技术与仪器、自动化、电子信息工程、机电一体化和计算机应用等专业的教材。

图书在版编目（CIP）数据

Protel 99SE 电路设计与应用 / 付华，徐耀松，王雨虹主编. —北京：电子工业出版社，2017.1

普通高等教育仪器类"十三五"规划教材

ISBN 978-7-121-30253-4

Ⅰ. ①P…　Ⅱ. ①付…　②徐…　③王…　Ⅲ. ①印刷电路－计算机辅助设计－应用软件－高等学校－教材

Ⅳ. ①TN410.2

中国版本图书馆 CIP 数据核字（2016）第 262080 号

策划编辑：赵玉山

责任编辑：刘真平

印　　刷：北京虎彩文化传播有限公司

装　　订：北京虎彩文化传播有限公司

出版发行：电子工业出版社

　　　　　北京市海淀区万寿路 173 信箱　邮编　100036

开　　本：787×1 092　1/16　印张：10　字数：256 千字

版　　次：2017 年 1 月第 1 版

印　　次：2022 年 12 月第 5 次印刷

定　　价：26.00 元

　　凡所购买电子工业出版社图书有缺损问题，请向购买书店调换。若书店售缺，请与本社发行部联系，联系及邮购电话：（010）88254888，88258888。

　　质量投诉请发邮件至 zlts@phei.com.cn，盗版侵权举报请发邮件至 dbqq@phei.com.cn。

　　本书咨询联系方式：zhaoys@phei.com.cn。

普通高等教育仪器类"十三五"规划教材

编委会

前　　言

本书循序渐进地介绍了 Protel 99SE 概述、原理图设计、原理图的绘制、原理图的检查和常用报表的生成、元件库的建立、电路原理图工程设计实例、PCB 设计环境、PCB 设计规划、PCB 元件库、人工布线制作 PCB、自动布线制作 PCB、PCB 工程设计实例等内容。

本书突出工程特色，以工程教育为理念，围绕培养应用创新型工程人才这一培养目标，着重学生独立研究能力、动手能力和解决实际问题能力的培养，将测控技术与仪器专业工程人才培养模式和教学内容的改革成果体现在教材中，通过科学规范的工程人才教材建设促进专业建设和工程人才培养质量的提高。教材采用二维码技术，学生通过扫描二维码，可获取相关知识点的资料，如图片、视频和动画等信息，加深学生对相关知识的理解，增加了教材的信息量，增强了教材的互动性。

全书共 10 章。第 1 章首先介绍 Protel 软件的组成与特点，然后介绍电路板原理图及印制电路板的设计和制作流程；第 2 章介绍软件环境的设置方法以及文件管理方法；第 3 章介绍原理图设计的过程与方法，包括元件的设计、原理图布线、PCB 布局以及原理图设计的高级技巧；第 4 章介绍该软件中常用报表的生成方法；第 5 章介绍元件库的建立方法，详细介绍元器件的设计过程；第 6 章介绍 PCB 的相关概念、环境参数的设置以及 PCB 设计的基本原则；第 7 章介绍 PCB 设计系统的常用操作方法；第 8 章介绍 PCB 设计的详细流程；第 9 章介绍制作元件封装的方法；第 10 章介绍设计文件的打印方法。

本书 1.1～1.3 节由付华、谢国民、初淑香执笔；1.4～1.6 节由卢万杰、王大勇执笔；第 2～6 章由徐耀松执笔；第 7～9 章由王雨虹执笔；第 10 章由卢万杰执笔。全书的写作思路由付华教授提出，由付华和徐耀松统稿。此外，李猛、任仁、陶艳风、代巍、汤月、司南楠、陈东、谢鸿、郭玉雯、于田、孟繁东、梁漪、曹坦坦、李海霞、刘雨竹等也参加了本书的编写。在此，向对本书的编写给予了热情帮助的同行们表示感谢。

由于作者水平有限，加上时间仓促，书中的错误和不妥之处，敬请读者批评指正。

编　者
2016 年 4 月

目　　录

第1章

概述

本章知识点：
- Protel 99SE 的组成与特点
- 电路板的设计与制作过程
- 电路图的设计流程

基本要求：
- 了解 Protel 99SE 的功能
- 掌握电路板设计与制作过程

能力培养目标：

通过本章的学习，了解 Protel 99SE 的基本功能，掌握电路板设计与制作的过程，理解 Protel 99SE 在电路板制作过程中的作用。

随着电子技术的飞速发展和新型电子元器件的不断涌现，电路设计与制作越来越复杂，而另一方面由于计算机技术的迅猛发展，计算机电路辅助设计软件也应运而生，电子 CAD（Computer Aided Design，计算机辅助设计，EDA 的一部分）软件一出现，就以方便、快捷、高效、准确的特点为广大电路设计人员所喜爱。建立在 IBM 兼容 PC 环境下的 EDA（Electronic Design Automation）电路集成设计系统称为 Protel 设计系统。Protel 设计系统是世界上第一套被引入 Windows 环境的 EDA 开发工具，以其高度的集成性及扩展性著称。在众多的电子 CAD 软件中，Protel 99SE 是众多工程技术人员和电子爱好者进行电子设计的首选软件。

1.1 Protel 的发展历程

随着计算机的普及，EDA 技术获得了越来越旺盛的生命力。为了加快电路设计的周期和效率，1988 年美国 ACEEL Technologie Inc 推出了设计印制电路板的 TANGO 软件包，步入用计算机来设计电子线路的时代。

随着电子业的飞速发展，TANGO 逐渐不能适应需要，为了适应发展，澳大利亚 Protel Technology Inc 推出 Protel for DOS 作为 TANGO 的升级版本。Protel 公司的 DOS 版本以其"方便、易学、实用、快捷"的风格于 20 世纪 80 年代在我国流行。90 年代初，Protel 公司推出基于 DOS 平台的终极版本，即 Schematic3.31ND 和 Autotrax1.61。

1991 年推出全世界第一套基于 Windows 平台的 PCB 软件包，Protel 飞速发展。

1998 年推出的 Protel 98 是第一个包含五个核心模块的真正 32 位 EDA 工具。全新一代 EDA

软件 Protel 98 for Windows 95/NT 将 Advanced SCH98（电路原理图设计）、PCB98（印制电路板设计）、Route98（无网格布线器）、PLD98（可编程逻辑器件设计）、SIM98（电路图模拟/仿真）集成于一体化设计环境。1998 年后期，Protel 公司再次引进强大技术——MicroCode Engineering 公司的仿真技术和 Incase Engineering Gmbh 公司的信号完整性分析技术，使得 Protel 的 EDA 软件步入了与 UNIX 上大型 EDA 软件相抗衡的局面。

1999 年正式推出 Protel 99，提供了一个集成的设计环境，包括原理图设计和 PCB 布线工具、集成的设计文档管理、支持通过网络进行工作组协同设计的功能。

2000 年推出的 Protel 99SE 采用了三大技术：SmartDoc、SmartTeam、SmartTool。

SmartDoc 技术——所有文件都存储在一个综合设计数据库中。

SmartTeam 技术——设计组的所有成员可同时访问同一个设计数据库的综合信息、更改通告及文件锁定保护，确保整个设计组的工作协调配合。

SmartTool 技术——把所有设计工具（原理图设计、电路仿真、PLD 设计、PCB 设计、自动布线、信号完整性分析以及文件管理）都集中到一个独立的、直观的设计管理器界面上。

Protel 99SE 具有复杂工艺的可生产性和设计过程管理功能强大的 EDA 综合设计环境等特点。

2002 年是电路设计的新纪元，因为电路设计软件 Protel 成功地整合多家重量级的电路软件公司，且正式更名为 Altium。Altium 公司于 2002 年下半年推出了 Protel 系列新产品 Protel DXP。Protel DXP 内嵌一个功能强大的 A/D 混合信号仿真器，它不需要手工添加 A/D 和 D/A 转换器，就可以准确地实现 A/D 混合信号仿真。另外，Protel DXP 的电路仿真器可以进行无限的电路级模拟仿真和无限的门级数字电路仿真。Protel DXP 除了支持工作点分析、瞬态特性分析、傅里叶分析、直流传输特性分析、交流小信号分析、传递函数分析、噪声分析、零点/极点分析、参数扫描等外，还增加了对选择的信号进行 FFT 分析的功能。

2005 年年底，Altium 公司推出了 Protel 系列的最新高版本 Altium Designer 6.0。Altium Designer 6.0 是完全一体化电子产品开发系统的一个新版本，是世界第一款也是唯一一种完整的板级设计解决方案。Altium Designer 是世界首例将设计流程、集成化 PCB 设计、可编程器件设计和基于处理器设计的嵌入式软件开发功能整合在一起的产品，是一种同时进行 PCB 和 FPGA 设计以及嵌入式设计的解决方案，具有将设计方案从概念转变为最终成品所需的全部功能。

纵观 Protel 电路绘图软件的发展，Protel for Windows 1.0 使 Protel 从 DOS 版本过渡到 Windows 版本，简化了许多操作；Protel 98 的网络布线具有自动删除原来的布线功能，加快了手工布线的速度；Protel 99 增加了同步器，大大简化了网络布线的操作；Protel 99SE 改进了 Protel 99 的一些错误；Protel DXP 则以 Windows XP 界面为主，又增强了许多功能；Protel 最新版本 Altium Designer 6.0（AD6.0）增强了很多板级设计功能，这大大增强了对处理复杂板卡设计和高速数字信号的支持。同时，AD6.0 能更加方便、快速地实现复杂板卡的 PCB 版图设计。但是，从入门和提高的实际角度考虑，Protel 99SE 是目前最为合适的。第一，Protel 99SE 是 Protel 99 的改进版本，它继承了以前版本的所有精华；第二，Protel 99SE 对系统要求不是很高，Windows 98 的操作系统下运行比较稳定，Protel DXP 必须在 Windows 2000、Windows XP 操作系统下才能运行；第三，Protel 99SE 的操作相对要容易些，Protel DXP、AD6.0 的操作非常烦琐，不适合入门和提高。

1.2　Protel 99SE 的组成与特点

1.2.1　Protel 99SE 的组成

二维码 1　Protel 99SE 的系统组成

该软件主要包括原理图设计系统、印制电路板设计系统、信号模拟仿真系统、可编程逻辑设计系统、Protel 99SE 内置编辑器。

原理图设计系统是用于原理图设计的 Advanced Schematic 系统。这部分包括用于设计原理图的原理图编辑器 Sch，以及用于修改、生成零件的零件库编辑器 SchLib。

印制电路板设计系统是用于电路板设计的 AdvancedPCB。这部分包括用于设计电路板的电路板编辑器 PCB，以及用于修改、生成零件封装的零件封装编辑器 PCBLib。

信号模拟仿真系统是用于原理图上进行信号模拟仿真的 SPICE 系统。

可编程逻辑设计系统是集成于原理图设计系统的 PLD 设计系统。

Protel 99SE 内置编辑器包括用于显示、编辑文本的文本编辑器 Text 和用于显示、编辑电子表格的电子表格编辑器 Spread。

1.2.2　Protel 99SE 的特点

在 Protel 的全系列产品中，Protel 99SE 以其功能强大、方便快捷的设计模式和人性化的设计环境，赢得了众多电路板设计人员的青睐，成为当前电路板设计软件的主流产品，是目前影响最大、用户最多的电子线路 EDA 软件包之一。Protel 99SE 最主要的特点就是将电路原理图设计、印制电路板设计、电路功能仿真测试以及 PLD 设计等功能融合在一起，从而实现了电路设计自动化。

Protel 99SE 的主要功能模块包括电路原理图设计、PCB 设计和电路仿真器件设计，各模块具有丰富的功能，可以实现电路设计与分析的目标。

电路设计部分主要包括下面几部分。

- 用于原理图设计的 Schematic 模块。该模块主要包括设计原理图的原理图编辑器，用于修改、生成零件的零件库编辑器以及各种报表的生成器。
- 用于电路板设计的 PCB 设计模块。该模块主要包括用于设计电路板的电路板编辑器，用于修改、生成零件封装的零件封装编辑器以及电路板组件管理器。
- 用于 PCB 自动布线的 Route 模块。

电路仿真与 PLD 设计部分主要包括下面几部分。

- 用于可编程逻辑器件设计的 PLD 模块。该模块主要包括具有语法意识的文本编辑器、用于编译和仿真设计结果的 PLD 以及仿真波形观察窗口。
- 用于电路仿真的 Simulate 模块。该模块主要包括一个能力强大的数/模混合信号电路仿真器，能提供连续的模拟信号和离散的数字信号仿真。

1. 原理图 Schematic 模块

电路原理图是电路设计的开始，是实现一种用户设计目标的原理实现。图形主要由电子器件和线路组成。图 1-1 是一张实现某控制任务的电路原理图，该原理图就是由 Schematic 模块生成的。Schematic 模块具有如下特征。

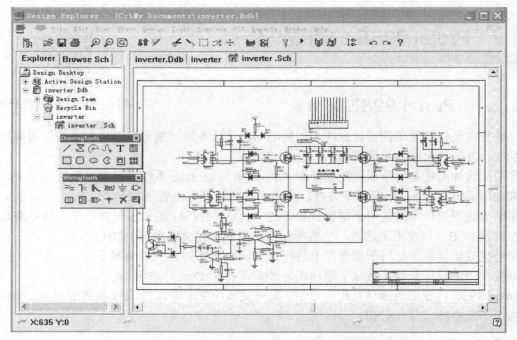

图 1-1　一张完整的电路原理图

1）支持层次化设计

随着电路的日益复杂，电路设计的方法也日趋层次化（Hierarchy）。也就是说，可先将整个电路按照其特性及复杂程度切割成适当的子电路，必要时可以使用层次化的树状结构来完成。设计师先单独绘制及处理好每一个子电路，然后再将它们组合起来继续处理，最后完成整个电路。Schematic 完全提供了层次化设计所需要的功能。

2）丰富而灵活的编辑功能

● 在设计原理图时，自动连接功能有一些专门的自动化特性来加速电气件（包括端口、总线、总线端、网络标号、连线和元件等）的连接。电气栅格特性提供了所有电气件的真正"自动连接"。当它被激活时，一旦光标移到电气栅格的范围内，它就自动跳到最近的电气"热点"上，接着光标形状发生改变，指示出连接点。当这一特性和自动连接特性配合使用时，连线工作就变得非常轻松。

● 交互式全局编辑在任何设计对象（如元件、连线、图形符号、字符等）上，只要双击鼠标左键，就可打开它的对话框。对话框显示该对象的属性，用户可以立即进行修改，并可将这一修改扩展到同一类型的所有其他对象，即进行全局修改。如果需要，用户还可以进一步指定全局修改的范围。

● 便捷的选择功能使设计者可以选择全体，也可以选择某个单项或者一个区域。在选择项中用户还可以不选某项，也可以增加选项。已选中的对象可以移动、旋转，也可以使用标准的 Windows 命令，如 Cut（剪切）、Copy（复制）、 Paste（粘贴）、Clear（清除）等对其进行操作。

3）强大的设计自动化功能

● 设计检验 ERC（电气规则检查）可以对大型复杂设计进行快速检查。电气规则检查 ERC

可以按照用户指定的物理/逻辑特性进行，而且可以输出各种物理/逻辑冲突的报告，如没连接的网络标号、没连接的电源、空的输入引脚等，同时还可将电气规则检查 ERC 的结果直接标记在原理图中。

● 提供了强大灵活的数据库连接，原理图中任何对象的任意属性值都可以输入和输出，可以选择某些属性（可以是两个属性，也可以是全部属性）进行传送，也可以指定输入、输出的范围是当前图纸还是当前项目或元件库，或者是全部打开的图纸或元件库。一旦所选择的属性值已输出到数据库，则由数据库管理系统来处理支持的数据库，包括 dBASE Ⅲ和 dBASE Ⅳ。

● 在设计过程的任何时候都可以使用"自动标注"功能（一般是在设计完成的时候使用），以保证无标号跳过或重复。

4）在线库编辑及完善的库管理

● 不仅可以打开任意数目的库，而且不需要离开原来的编辑环境就可以访问元件库，通过计算机网络还可以访问多用户库。

● 元件可以在线浏览，也可以直接从库编辑器中放置到设计图纸上，不仅库元件可以增加或修改，而且原理图和元件库之间可以进行相互修改。

● 原理图提供 16000 多个元器件库（ANSI，美国国家标准学会），包括 AMD、Intel、Motorola、Texas Instruments、National Instruments、Z1LOG、Maxim 以及 Xilinx、Eesof、PSPICE、SPICE 仿真库等。

2．印制电路板 PCB 模块的特点

PCB 印制电路板是由电路原理图到制板的桥梁，设计了电路原理图后，需要根据原理图生成印制电路板，这样就可以制作电路板。如图 1-2 所示为一张由原理图生成的印制电路板 PCB 图。印制电路板 PCB 模块具有如下主要特点。

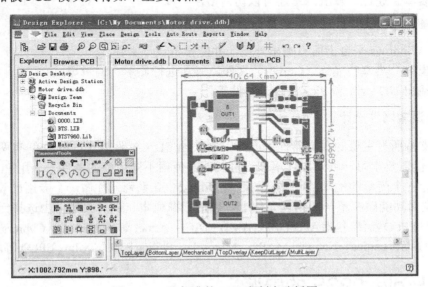

图 1-2　一张标准的 PCB 印制电路板图

1）32 位的 EDA 设计系统

● PCB 可支持设计层数为 32 层、板图大小为 2540mm×2540mm 或 100in×100in 的多层线

路板。
- 可做任意角度的旋转，分辨率为 0.001。
- 支持水滴焊盘和异形焊盘。

2）丰富而灵活的编辑功能

- 交互式全局编辑、便捷的选择功能、多层撤销或重做功能。
- 支持飞线编辑功能和网络编辑。用户无须生成新的网络表即可完成对设计的修改。
- 手工重布线可自动去除回路。
- PCB 图能同时显示元件引脚号和连接在引脚上的网络号。
- 集成的 ECO（工程修改单）系统能记录用户的每一步修改，并将其写入 ECO 文件，用户可依此修改原理图。

3）强大的设计自动化功能

- 具有超强的自动布局能力，它采用了基于人工智能的全局布局方法，可以实现 PCB 板面的优化设计。
- 高级自动布线器采用拆线重试的多层迷宫布线算法，可同时处理所有信号层的自动布线，并可以对布线进行优化。可选的优化目标如使过孔数目最少、使网络按指定的优先顺序布线等。
- 支持 Shape-based（无网络）的布线算法，可完成高难度、高精度 PCB（如 486 以上微机主板、笔记本电脑的主板等）的自动布线。
- 在线式 DRC（设计规则检查），在编辑时系统可自动指出违反设计规则的错误。

4）在线式库编辑及完善的库管理

- 设计者不仅可以打开任意数目的库，而且不需要离开原来的编辑环境就可访问、浏览元件封装库。通过计算机网络还可以访问多用户库。

5）完备的输出系统

- 支持 Windows 平台上所有输出外设，并能预览设计文件。
- 可输出高分辨率的光绘（Gerber）文件，对其进行显示、编辑等。
- 还能输出 NC Drill 和 Pick&Place 文件等。

3. PLD 逻辑器件设计

PLD99 支持所有主要的逻辑器件生产商。同其他 EDA 软件相比，PLD99 有两个独特的优点。第一是仅仅需要学习一种开发环境和语言就能够使用不同厂商的器件——用 PLD99 既可为 PAL16L8 设计一个简单的地址解码器，又可为 Xilinx5000 系列元件做一个专用的设计；第二是可将相同的逻辑功能做在不同的物理元件上，以便根据成本、供货渠道自由选择元件制造商。PLD99 全面支持 PLD 器件，包括 Altera Max、AMD MACH、Atmel 高密度 EPLDs、Cypress、Inter FLEX、ICT EPLD/FPGA's、Lattice、National MAPL、Motorola、Philips PML、Xilinx EPLD 等。

1.3　Protel 99SE 的安装

安装 Protel 99SE 软件时，有多个程序文件需要安装，首先要安装主程序文件。

Protel 99SE 的安装方法与其他软件一样，先将安装光盘插入计算机光驱，然后在光盘目录中找到"Setup.exe"文件并双击，随后就会出现如图 1-3 所示的安装文件解压缩对话框。

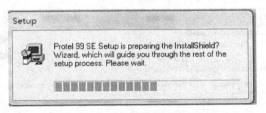

图 1-3　安装文件解压缩对话框

稍等片刻，就会出现如图 1-4 所示的欢迎界面。

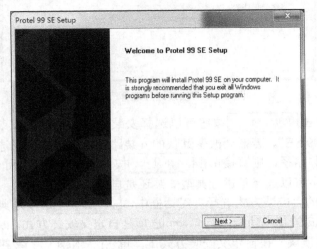

图 1-4　欢迎界面

在欢迎界面中单击 Next > 按钮，随后会出现如图 1-5 所示的"用户信息、序列号输入"对话框，在对话框中填入用户姓名、公司名称、序列号等信息。其中，序列号可以在 Protel 99SE 安装光盘的包装盒封面上或者在光盘中的"Sn.txt"文件中找到。

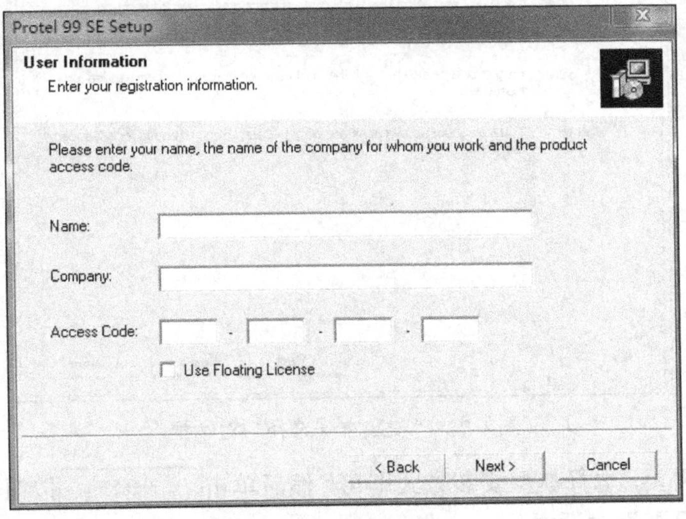

图 1-5　"用户信息、序列号输入"对话框

填好"用户信息、序列号输入"对话框中的相应信息后单击 Next > 按钮，就会出现如图 1-6 所示的"安装路径选择"对话框。

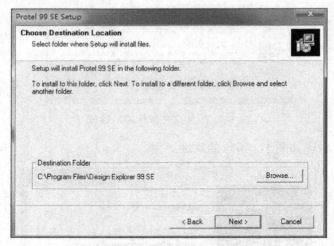

图 1-6   "安装路径选择"对话框

在图 1-6 中，单击 Browse... 按钮可以选择安装路径，默认的安装路径为"C:\Program Files\Design Explorer 99 SE"。若需要改变默认的安装路径，则可以自己选择一个安装路径。若不需要改变默认的安装路径，则直接单击 Next > 按钮进入如图 1-7 所示的"安装方式选择"对话框，在该对话框中可以选择是进行典型安装还是自定义安装。

在如图 1-7 所示的"安装方式选择"对话框中，⊙ Typical 选项是典型安装方式，该安装方式只包含 Protel 99SE 的基本功能；○ Custom 选项是自定义安装方式，该安装方式可以手动选择 Protel 99SE 的功能模块。在自定义安装方式下，单击 Next > 按钮，在随后出现的"安装项目选择"对话框中将需要安装的功能模块前打"☑"即可。

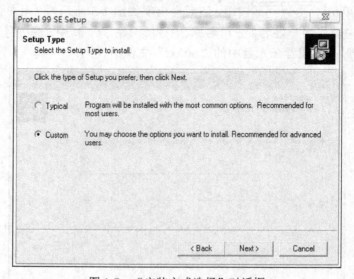

图 1-7   "安装方式选择"对话框

如果没有特殊需要，选择典型安装方式即可，然后单击 Next > 按钮，就会进入如图 1-8 所示的"软件名称设置"对话框。

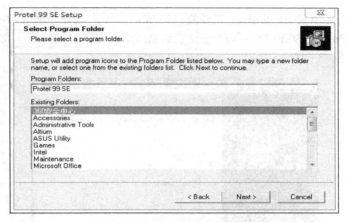

图 1-8　"软件名称设置"对话框

在图 1-8 所示的"软件名称设置"对话框中可以设置 Protel 99SE 软件在添加/删除程序管理器中的名称，默认的名称是 Protel 99SE，一般不用修改。直接在"软件名称设置"对话框中单击 `Next >` 按钮，即可出现如图 1-9 所示的"开始复制文件"对话框。

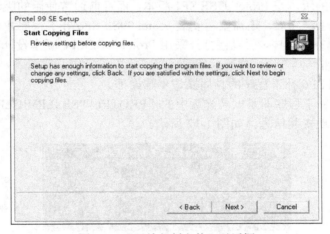

图 1-9　"开始复制文件"对话框

在"开始复制文件"对话框中单击 `Next >` 按钮，即可进行文件复制，此时窗口中就会显示如图 1-10 所示的"安装进度"对话框，在该对话框中可以看到当前文件复制的进度。

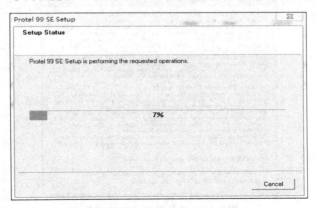

图 1-10　"安装进度"对话框

文件复制工作通常需要 2～5min，文件复制完成后，即自动出现如图 1-11 所示的"安装成功"对话框，表示 Protel 99SE 的主程序已经安装成功，单击 Finish 按钮即可完成安装工作，此时桌面会出现 图标。

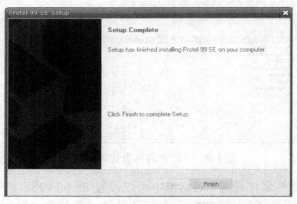

图 1-11　"安装成功"对话框

　　由于主程序安装的版本是 Protel 99SE SP1 版本，而目前通常使用的版本是 Protel 99SE SP6 版本，因此在安装完主程序后，还需要再安装 Protel 99SE SP6 补丁程序才可以正常使用。若不安装 Protel 99SE SP6 补丁程序，而直接打开采用 Protel 99SE SP6 版本设计的工程文件，则会出现"错误提示"对话框。

　　安装 Protel 99SE SP6 补丁程序的具体操作步骤如下。

　　Protel 99SE SP6 补丁程序即是安装光盘中的"PROTEL99SESERVICEPACK6"文件，双击该文件，随后就会出现安装信息，如图 1-12 所示。

图 1-12　安装文件解压缩信息框

　　稍等片刻，就会出现如图 1-13 所示的"信息确认"对话框。

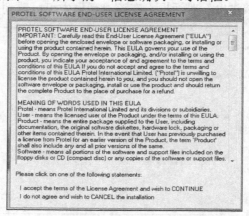

图 1-13　"信息确认"对话框

单击接受按钮，同意上面的声明信息，即可进行安装；若单击不接受按钮，则会退出安装工作。

单击接受按钮后稍等片刻，就会出现如图 1-14 所示的"路径选择"对话框。

图 1-14 "路径选择"对话框

在这里将它的安装路径与 Protel 99SE 主程序安装路径设为同一个文件夹。在通常情况下，系统会自动搜索 Protel 99SE 主程序的安装路径，并将补丁程序的安装路径也定位在该路径下，故该路径不用设置，采用默认值即可。然后单击 Next > 按钮，窗口即出现"安装进度指示"对话框，如图 1-15 所示。

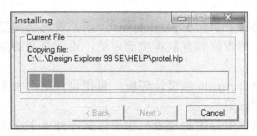

图 1-15 "安装进度指示"对话框

10～30s 后即可安装完毕，此时会弹出 Protel 99SE SP6 补丁程序"安装完毕"对话框，如图 1-16 所示。

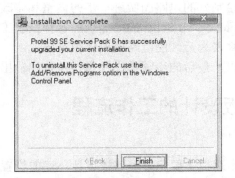

图 1-16 Protel 99SE SP6 补丁程序"安装完毕"对话框

最后单击 Finish 按钮即可完成 Protel 99SE SP6 补丁程序的安装操作。

1.4 电路板的设计和制作步骤

一般而言，设计电路板最基本的过程可以分为三大步骤。

二维码 2 电路板有关的几个基本概念

1）电路原理图的设计

电路原理图的设计主要是用 Protel 99SE 的原理图设计系统（Advanced Schematic）来绘制一张电路原理图。在这一过程中，要充分利用 Protel 99SE 所提供的各种原理图绘图工具、各种编辑功能，来实现电路设计的目的，即得到一张正确、精美的电路原理图。

2）产生网络表

网络表是电路原理图设计（SCH）与印制电路板设计（PCB）之间的一座桥梁，它是电路板自动布线的灵魂。网络表可以从电路原理图中获得，也可从印制电路板中提取出来。

3）印制电路板的设计

印制电路板的设计主要是针对 Protel 99SE 的另外一个重要的部分 PCB 制作而言的，在这个过程中，借助 Protel 99 提供的强大功能实现电路板的版面设计，完成 PCB 制作工作。

1.5　电路原理图设计的工作流程

（1）设计图纸大小。进入 Protel 99SE/Schematic 后，首先要构思好零件图，设计好图纸大小。图纸大小是根据电路图的规模和复杂程度而定的，设置合适的图纸大小是设计好原理图的第一步。

（2）设置 Protel 99SE/Schematic 的设计环境，包括设置格点大小和类型、光标类型等，大多数参数也可以使用系统默认值。

（3）放置零件。用户根据电路图的需要，将零件从零件库里取出放置到图纸上，并对放置零件的序号、零件封装进行定义和设定等工作。

（4）原理图布线。利用 Protel 99SE/Schematic 提供的各种工具，将图纸上的元件用具有电气意义的导线、符号连接起来，构成一个完整的原理图。

（5）调整线路。将初步绘制好的电路图做进一步的调整和修改，使得原理图更加美观。

（6）报表输出。通过 Protel 99SE/Schematic 提供的各种报表工具生成各种报表，其中最重要的报表是网络表，通过网络表为后续的电路板设计做准备。

（7）文件保存及打印输出。最后的步骤是文件保存及打印输出。

1.6　印制电路板设计的工作流程

二维码 3　印制电路板概述

（1）定义电路板。定义电路板主要包括电路板设计环境的设置和电路板边框的定义。只有先定义了电路板才能放置元件封装和铜膜线等主要设计对象，否则无法进行后续工作。

（2）调入网络表。由绘制好的原理图载入网络表文件，即将在原理图中的各元件及元件之间的关系载入电路板图中，为后续工作做准备。

（3）元件布局、布线。首先将载入的元件封装在电路板范围内安排好位置；然后对电路板进行布局和布线的设计规则的设置，并进行布线；最后再利用 DRC（设计规则检查）检查整个电路板。

整个电路板图的设计完成之后，再生成工厂加工所需要的文件，即可送到电路板生产厂家进行生产。

　　若在原理图和电路板图的设计过程中，Protel 99SE 系统自带的元件库和元件封装库中没有设计者所需的元件或元件封装，用户就需要自己绘制元件图和元件封装图。具体的设计步骤将在以后的章节中做详细介绍。

习题

1．Protel 99SE 包含哪些功能模块？简述其功能。
2．印制电路板 PCB 模块有哪些特点？
3．简要说明电路原理图设计的主要流程。
4．简要说明印制电路板设计的主要流程。
5．电路板设计的主要步骤有哪些？

第 2 章

Protel 99SE 软件环境设置

本章知识点：
- Protel 99SE 的软件环境
- 新建原理图的方法
- 原理图绘制前的环境参数设置
- 添加/删除原理图文件库文件
- Protel 99SE 的文件管理

基本要求：
- 了解 Protel 99SE 的环境界面
- 掌握原理图文件创建方法
- 掌握软件环境参数设置方法

能力培养目标：

通过本章的学习，了解 Protel 99SE 的软件界面，熟悉环境操作的常用方法与参数设置方法，掌握创建原理图的过程，熟悉文件管理方法。

在进行电子产品设计时首先要进行的工作就是电路原理图的设计工作。Protel 99SE 的电路文件不同于以前版本的电路文件。Protel 99SE 的文件电路采用数据库形式的文件格式（后缀名为"*.DDB"的文件），在一个数据库文件里就可以完成设计需要的所有文件（如原理图文件、PCB 文件、原理图库文件、PCB 库文件等），以便于进行文件管理工作。

2.1　进入 Protel 99SE 的绘图环境

在"开始"菜单或桌面上双击 Protel 99SE 的启动图标，就可以打开 Protel 99SE 软件。Protel 99SE 启动后的界面如图 2-1 所示。

通过图 2-1 可以看到，刚启动 Protel 99SE 时，由于没有开启任何编辑器，所以工作栏是深灰色的。在如图 2-1 所示状态下依次单击 File|New，随后就会出现如图 2-2 所示的"新建数据库文件"对话框。

对话框内为所有的 Protel 99SE 的工作文件。所有的工作文件都必须从电路图文件开始。在如图 2-2 所示的"Location"页面的"Database File Name"栏中输入新建的数据库文件名称（默认为"MyDesign.ddb"），也可以使用中文。

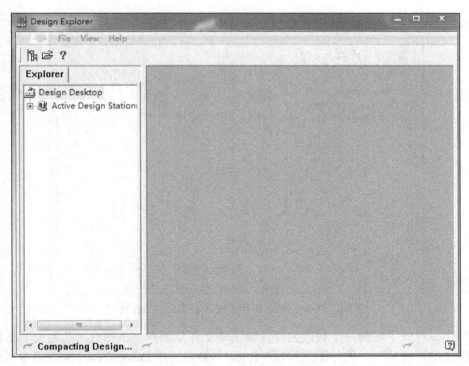

图 2-1　Protel 99SE 启动后的界面

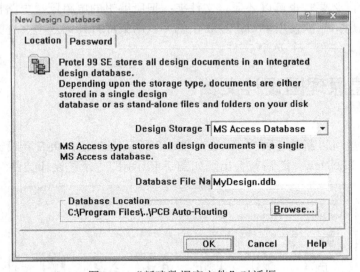

图 2-2　"新建数据库文件"对话框

　　单击"Location"页面的 **Browse...** 按钮，弹出 Windows 系统的"另存为"文件对话框。实际上，这个对话框就是选择新建数据库文件的存放路径。这个路径最好不要选在操作系统所在的磁盘分区中。

　　更改存放路径后，单击"保存"按钮，选择路径的操作就完成了。将以上自定义选项设置完毕后，单击　**OK**　按钮，就可以完成设计数据库文件的创建工作。此时，Protel 99SE 的工作界面就会如图 2-3 所示。

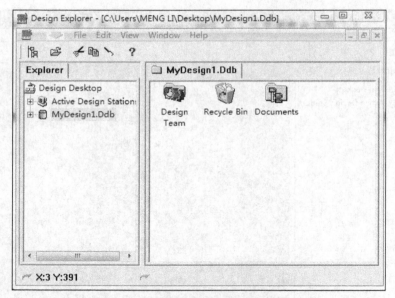

图 2-3　Protel 99SE 新建数据库文件后的工作界面

　　通过图 2-3 可以了解到一个新建的设计数据库文件下面有三个图标，从左向右依次为：设计团队、回收站、文件夹。设计团队管理：Protel 99SE 通过 DesignTeam 来管理多用户使用相同的设计数据库，而且允许多个设计者同时安全地在相同的设计图上进行工作。回收站：用来存放被删除的文件，必要时也可以还原。文件夹：把所编辑的电路图、电路板、网络表等放在此文件夹里，如果是第一次使用 Protel 99SE，就可以用鼠标打开第三个文件夹，在这个文件夹里新建一个原理图文件和一个 PCB 文件。

2.2　新建原理图设计文档

二维码 4　菜单

　　在一个数据库里可以新建各种文件。在如图 2-3 所示的 Protel 99SE 新设计数据库工作界面中，执行菜单命令 File|New，随后就会出现如图 2-4 所示的"新建设计文件"对话框。

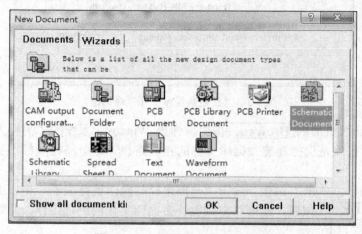

图 2-4　"新建设计文件"对话框

"新建设计文件"对话框页面图标上排第二个图标是文件夹图标，第三个是 PCB 文件图标，第四个是 PCB 库文件图标，最后一个是原理图文件图标；下排第一个图标是原理图库文件图标。选中这些图标后，单击 OK 按钮或者直接双击图标就可以新建各种文件。

在如图 2-4 所示的对话框中，单击 Schematic Document 图标，然后单击 OK 按钮，即可启动原理图编辑器（也可双击图标）。原理图编辑器工作界面如图 2-5 所示。

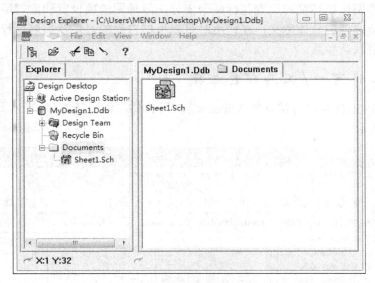

图 2-5　原理图编辑器工作界面

新建原理图文件的默认名称为"Sheet1.Sch"，右击新建文件的名称，在弹出的菜单中选择"rename"，即可对该文件进行改名。

双击新建并改名后的原理图设计文件，即可打开如图 2-6 所示的原理图绘制工作界面。

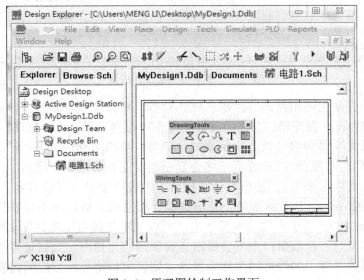

图 2-6　原理图绘制工作界面

2.3 绘制原理图前的环境和参数设置

在绘制原理图时，首先应该对原理图设计环境的参数进行设置，使设计者在绘图时能够方便好用，尽管每个使用者使用软件的习惯不尽相同，但一般来说，默认的设计环境设置基本可以满足要求。原理图设计环境的设置包括两个部分：原理图选项设置和原理图参数设置。本节中给大家介绍各个选项的具体意义，在使用时可以根据自己的习惯及需要进行设置。但除个别选项外，建议选用默认参数。

2.3.1 工作窗口/工具栏的切换

Protel 99SE 的工作窗口与常见的 Windows 应用软件相似，其工作界面如图 2-7 所示。

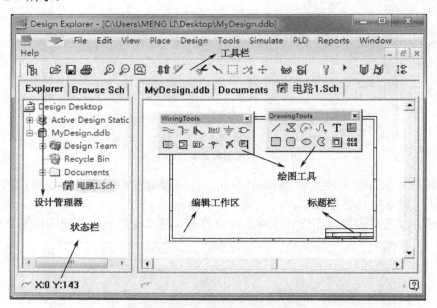

图 2-7　Protel 99SE 工作界面

Protel 99SE 的界面主要由两部分组成：设计管理器和工作项目浏览器。其中，左面的部分为设计管理器，右面的部分为工作项目浏览器。设计管理器下又有设计项目管理器和设计状态指示器两个项目。单击 **Explorer** 标签后，出现的是设计项目管理器，在该界面下将会显示当前文件夹的设计团队、设计数据库名称（可以有多个）、各个设计数据库下的设计项目（可以有多个）等内容。单击 **Browse Sch** 标签后，会出现设计状态指示器，由于现在只是启动了一个原理图编辑器，Protel 99SE 处于原理图编辑状态，所以此时桌面将出现如图 2-8 左方所示的原理图编辑器状态指示窗口，在该窗口中将会显示当前调用的元件库、当前调用的元件型号、当前调用的元件缩略图等内容。如果启动其他编辑器，则该窗口将显示相应的内容。

如图 2-8 所示的右面部分为工作项目浏览器，单击其中的一个标签，即可打开相应的编辑器或进入相应的设计数据库，查看当前设计数据库下的设计项目。

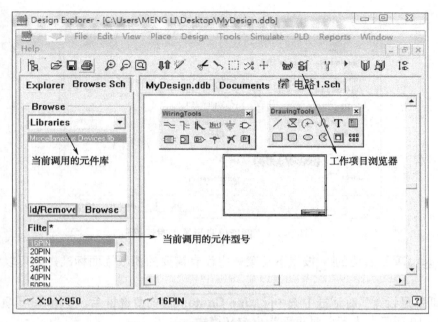

图 2-8　原理图编辑器状态指示窗口

　　有时候为了增大工作区，可以将设计管理器关闭。依次单击 View|Design manager，即可关闭设计管理器，待想恢复设计管理器时，重复执行一遍该操作。

　　单击界面左上角的 按钮，同样可以打开/关闭设计管理器。需要关闭设计文件时，只需在该设计文件上右击，然后在出现的菜单中单击"Close"选项即可。

2.3.2　状态栏的开启/关闭

　　状态栏在作图区左下角，显示鼠标光标位置的坐标以及与绘图操作有关的其他信息。在绘制原理图时，自定义图纸大小要用鼠标光标位置的坐标，在默认情况下状态栏是显示的。如果没有状态栏，则单击"视图"|"Status Bar 状态栏"按钮即可开启状态栏；需要关闭状态栏时，重复执行一遍该操作即可。

2.3.3　图纸参数设置

　　在图纸参数设置选项中可以设置图纸的幅面、图纸方向、标题栏、工作区背景颜色、栅格大小、文件信息等与绘图相关的信息，具体设置的操作方法如下。

二维码 7　图纸大小设置

　　在工作区右击，在出现的菜单中单击"Document Option"，随后就会出现"图纸信息设置"对话框，如图 2-9 所示。

1. 设置图纸幅面

　　设置图纸幅面是为了绘图方便，以及打印输出时使图纸最大。单击 Standard Style 选项下 Standard 项目右边的 ▼ 按钮，在弹出的下拉菜单中选择一个需要的图纸幅面标准，为了便于以后的介绍，在这里将光标移至"A4"上面，并单击它。至此，就完成了设置图纸幅面为"A4"的操作。

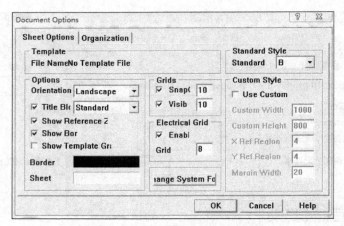

图 2-9　"图纸信息设置"对话框

若 Standard 项目右边的 ▼ 按钮下拉菜单中没有需要的图纸幅面标准，则可以自定义一个图纸幅面。

在"图纸信息设置"对话框中选中 ☑ **Use Custom** 前的复选框后，Standard 项目下将变成灰色，如图 2-10 所示，表示此时页面为自定义模式。

图 2-10　自定义图纸幅面

在 **Custom Width** 后面填入图纸的宽度，在 **Custom Height** 后面填入图纸的高度，单位是 mil。

其中，Custom Style 区块的 Custom Width 栏中的值是图纸宽度，Custom Height 栏中的值是图纸高度，改变这些值，单击"OK"按钮就可以任意自定义图纸幅面的大小。

2．设置图纸方向

单击 **Sheet Options**（标准图纸格式）选项下 **Orientation** 项目右边的 ▼ 按钮，在弹出的下拉菜单中选择一个需要的图纸方向。Protel 99SE 提供了两种图纸方向供选择：Landscape 为水平放置，Portrait 为垂直放置。

3．设置工作区颜色

在通常情况下，Protel 99SE 工作区的颜色为淡黄色，如果觉得该颜色不方便使用，则可以自己设置一个满意的颜色。下面介绍设置方法。

在如图 2-11 所示的"图纸信息设置"对话框中单击左下角 **Sheet** 选项右面的颜色条，此时会弹出如图 2-12 所示的"颜色选择"对话框，可以在该对话框中选择一个需要的颜色（拖动右面的滚动条翻页），然后单击 **OK** 按钮确认，即可将该颜色设置为工作区的显示颜色。

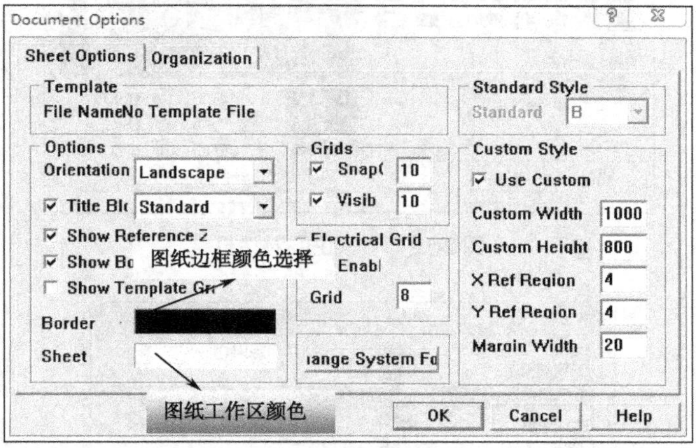

图 2-11　工作区颜色设置

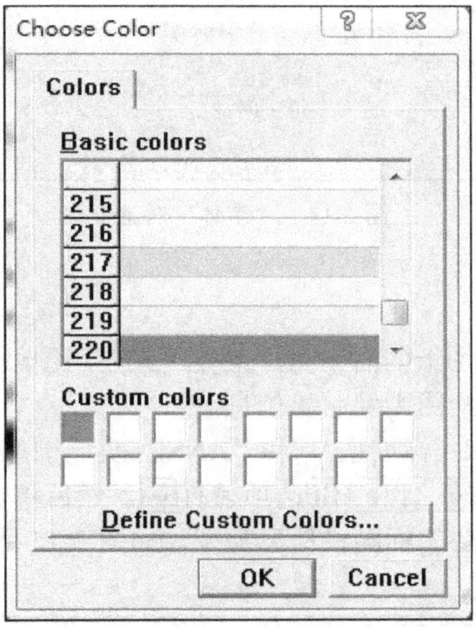

图 2-12　"颜色选择"对话框

如果在"颜色选择"对话框中没有找到自己满意的颜色，则可以单击 **Define Custom Colors…** 按钮进入如图 2-13 所示的"颜色"对话框。在该对话框中自定义一个满意的颜色后，单击"确定"按钮确认，即可将该颜色设置为工作区的显示颜色。

4．设置系统字体

若希望改变系统显示字体（元器件引脚字体、输入文本），则单击"图纸信息设置"对话框下方中部的 **ange System Fo** 按钮，即可进入如图 2-14 所示的"字体"对话框。在该对话框中设置好字体选项后，单击"确定"按钮即可完成系统字体设置的工作。

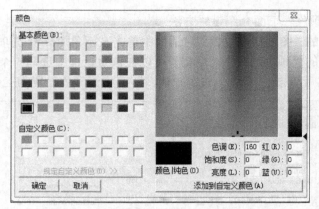

图 2-13　"颜色"对话框

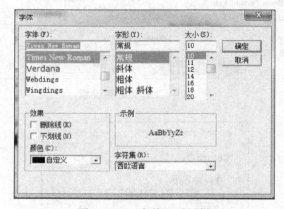

图 2-14　"字体"对话框

5．设置标题栏信息

Protel 99SE 的标题栏位于图纸的右下角，主要用来显示图纸规格、文件目录及绘图日期的信息，也可以填写电路名称、绘图人姓名等信息。

Protel 99SE 提供"Standard（标准型）"和"ANSI（美国国家标准协会）"两种标题栏信息。要设置标题栏信息，则需要将 ☑ **Title Blo** 选项前打 ☑，然后单击该选项右边的 ▾ 按钮，在弹出的下拉菜单中，选择一个需要的标题栏信息类型，如图 2-15 所示。

图 2-15　设置标题栏信息

"Standard（标准型）"和"ANSI（美国国家标准协会）"这两种标题栏的实例图分别如图 2-16 和图 2-17 所示。

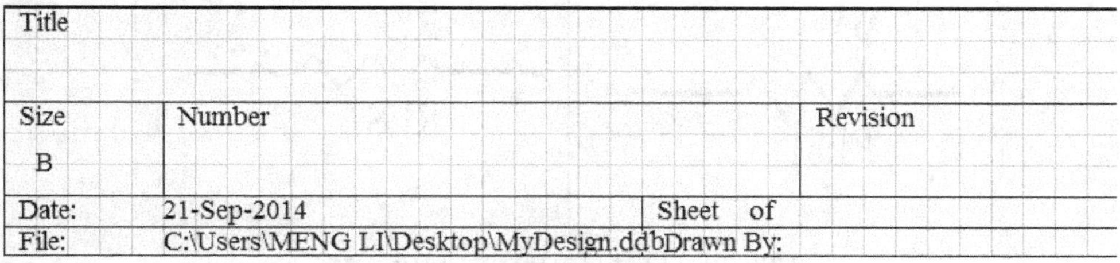

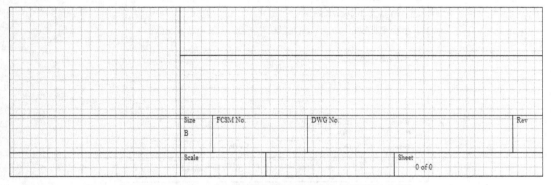

图 2-16　Standard（标准型）标题栏实例图

图 2-17　ANSI（美国国家标准协会）标题栏实例图

若需要取消图纸标题栏，则可取消 ☑ Title Blc 选项前的对钩，然后单击"OK"按钮即可。

6. 设置图纸栅格

用 Protel 99SE 设计电路原理图时，通常需要将鼠标移动的距离设定为定值，以便对齐元器件。此时就需要用到栅格功能，将 Grids 选项下面的 Snap(、 Visib 选项前打☑，然后在后面的文本框中输入一个数字（通常输入"5"即可，默认值为"10"），即可完成栅格的设置。

锁定栅格：光标在栅格上每次移动的距离，即以移动的基本距离为设定的值，单位是 mil（即 1/1000 英寸=0.00254cm）。

可视栅格：栅格在图纸上实际显示的距离，单位是 mil。

Electrical Grid 自动寻找电气连接点距离，选中该项下面的 ☑ Enab 选项，然后再绘制电路原理图中的导线时，系统就会自动以光标为圆心，以 Grid 中设置的数据值为半径（单位是mil）自动寻找电气连接点，如果在此范围内找到交叉的连接点，系统就会自动把光标指向该连接点，并在该连接点上点一个圆点，进行电气连接。 Grid 中设置的数据值通常默认为"8"，无特殊要求时，不用修改即可。

依次单击 View |Visible Grid，即可关闭/开启可视栅格功能。其效果示意图如图 2-18 所示。

7. 设置文件信息

在"图纸信息设置"对话框中单击 Organization 按钮后，可进入"文件信息设置"对话框，在该对话框中可以设置设计者公司、通信地址等信息，如图 2-19 所示。

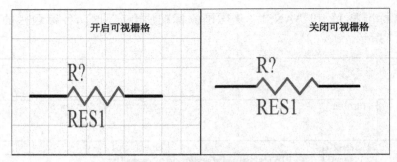

图 2-18 开启/关闭可视栅格功能效果示意图

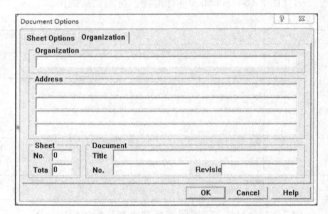

图 2-19 "文件信息设置"对话框

2.3.4 调整绘图区域视图大小

在用 Protel 99SE 进行设置时，通常需要对某一部分电路或者整幅电路进行缩放，以便查看。下面介绍对绘图区域进行缩放的具体操作方法。

二维码 8 编辑界面

1. 非命令状态下绘图区域的放大/缩小

1）放大绘图区域

单击主工具栏上的⊕按钮或者执行菜单命令 View |Zoom In。每执行一次操作，绘图区域相应放大一次，直至放大到最大倍数。

2）缩小绘图区域

单击主工具栏上的⊖按钮或者执行菜单命令 View|Zoom Out。每执行一次操作，绘图区域相应缩小一次。

3）固定比例显示

单击 View 按钮，然后在出现的菜单中单击 50%、100%、200%、400%等按钮，绘图区域就会以相应的比例缩放。

4）绘图区域填满工作区

单击主工具栏上的◎按钮或者执行菜单命令 View|Fit Document，就会将绘图区域填满工作区，以方便查看整张图纸。

5）所有对象显示在工作区

执行菜单命令 View|Fit All Object，就会将所有对象显示在工作区，以方便查看所有对象（不是整张图纸）。

6）选定区域填满工作区

执行菜单命令 View|Area，此时鼠标的光标将变成"十"字形，将光标定位于一点后，拖动鼠标画出一个矩形区域，选定矩形区域后，单击鼠标左键，即可将刚"绘制"的矩形区域填满工作区。

7）刷新画面

有时当执行画面放大、缩小、移动元器件操作后，画面会出现扭曲、元器件显示不全、画面残留有斑点等问题，视觉效果很不好（不影响最终结果）。此时，执行菜单命令 View|Refresh或者按下快捷键 V|R 即可对当前画面进行刷新。

2．命令状态下绘图区域的放大/缩小

在命令状态时，由于无法用鼠标执行菜单命令，所以不能用鼠标进行绘图区域的放大/缩小操作。此时可以利用键盘上的功能键来完成绘图区域的放大/缩小操作。具体操作方法如下。

1）放大绘图区域

按功能键盘上的 Page Up 键，绘图区域就会以鼠标的光标为中心进行放大，每按一次该键，绘图区域相应放大一次，直至放大到最大倍数。

2）缩小绘图区域

按功能键盘上的 Page Down 键，绘图区域就会以鼠标的光标为中心进行缩小，每按一次该键，绘图区域相应缩小一次。

3）刷新画面

按功能键盘上的 End 键即可对当前画面进行刷新。

2.3.5　工具栏的打开/关闭

Protel 99SE 提供了多种工具栏，以便用户使用。有时候，为了操作简便（使界面简洁），通常不必将所有的工具栏都打开，只需打开相应的工具栏即可。下面介绍打开/关闭工具栏的操作方法。

要打开相应的工具栏，执行菜单命令 View|Toolbars，然后再单击相应的工具名称，则相应的工具栏就会出现在设计窗口中。

当需要关闭工具栏时，用鼠标单击相应工具栏右上角的 ☒ 按钮即可将其关闭。各工具名称与工具栏的对应关系见表 2-1。

表 2-1　各工具名称与工具栏的对应关系

工具栏名称	具体工具栏
Main Tools	
Wiring Tools	

工具栏名称	具体工具栏
Digital Objects	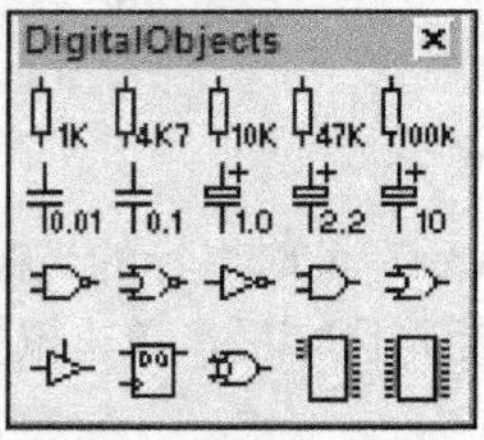
Simulation Sources	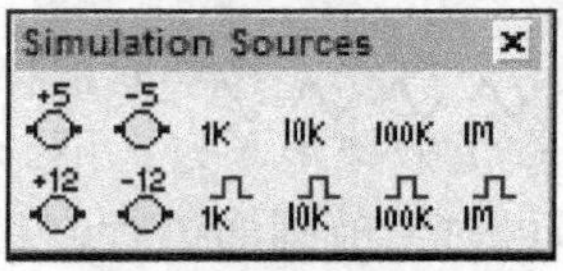
Pld Tools	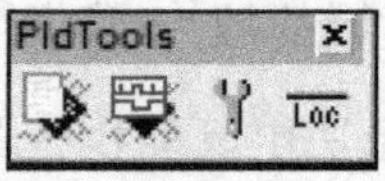
Drawing Tools	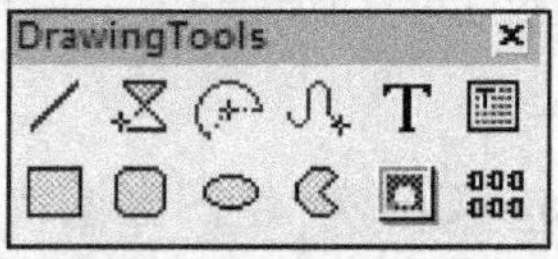

主工具条随着不同的编辑器而不同，其中大多是一般用途的工具按钮，如切换项目管理器、读取文件、打印及窗口缩放等。

连线工具条是原理图编辑器所特有的，主要用来绘制具有电气意义的图形，包括画导线、画总线、放置节点、放置元件及放置输入/输出端口等工具按钮。

绘图工具条用来绘制不具有电气意义的图形，包括画直线、画矩形、画圆形、画圆角矩形、画椭圆、画曲线等工具按钮。

工具条可到处搬移，也可贴附于窗口的上边、下边、左边或右边。

2.4   添加/删除原理图元件库文件

在用 Protel 99SE 绘制电路原理图前，必须装入相应的原理图元件库文件，然后才能从元件库中调出需要的原理图元器件符号。

原理图元件库文件的扩展名为".ddb"。这种文件相当于一个文件夹，可以包含一个或多个具体的元件库。这些包含在.ddb 文件中的具体元件库文件的扩展名是".Lib"，如 Protel DOS Schematic Libraries.ddb 中存放着各种集成芯片符号。其中，"Protel DOS Schematic 4000 CMOS.Lib"中存放的是 CMOS4000 系列的集成电路符号；"Protel DOS Schematic TTL.Lib"中存放的是 TTL74 系列的集成电路符号。

原理图元件库文件的存放路径通常为\Program Files\Design Explorer 99 SE\Library\Sch。

设计管理器有两个页面：Explorer 和 Browse Sch（浏览原理图库文件）。用鼠标单击 Browse Sch 标签按钮，就可以出现原理图元件库，如图 2-20 所示。

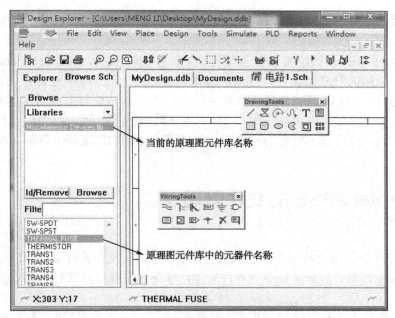

图 2-20　原理图元件库

安装 Protel 99SE 时，设计管理器里已经默认有"Miscellaneous Devices"元件库文件，这个元件库中包含有最常用的原理图元器件。如果需要添加其他元件库文件，就要在原理图编辑状态，单击设计管理器中部的 **Id/Remove** 按钮。

单击 **Id/Remove** 按钮后，会出现如图 2-21 所示的"移动（添加/删除）元件库"对话框。

图 2-21　"移动（添加/删除）元件库"对话框

在如图 2-21 所示的对话框中，单击需要的元件库名称，然后单击 Add 按钮，被选择的元件库名称就被添加在 Selected Files 栏目中了。不断重复上述操作，将其他需要的元件库添加到 Selected Files 下面的列表框中。当需要添加的元件库文件选择结束后，单击"OK"按钮，选择的元件库文件就添加到设计管理器里，之后就可以使用这些元件库中的元器件进行电路图绘制工作了。

在安装 Protel 99SE 时，系统将会自动安装 119 个元件库。其中，"Miscellaneous Devices.ddb" 元件库中包含有常用的分立元器件；"Intel Databooks.ddb" 元件库中包含有 Intel 公司的常用 CPU 及外围元器件；"TI Logic.ddb" 元件库中包含有 TI（德州仪器）公司常用的逻辑器件。

若不需要某个元件库，则可以在图 2-21 中单击 Selected Files: 列表框中的元件库名称，然后单击 Remove 按钮，即可将不需要的元件库从原理图设计管理浏览器中删除（并未从硬盘中删除）。

2.5 Protel 99SE 的文件管理

在 Protel 99SE 的使用过程中会产生很多种类型的文件，根据需要用户可以对这些文件进行编辑、导入/导出、搜索、修复及压缩等各种操作，掌握这些操作方法将为设计者的设计工作带来很大的便利。

Protel 99SE 提供了两种文件管理模式，分别是基于 Access 数据库的 "MS Access Database" 数据库方式和基于 Windows 文件系统的 "Windows File System" 分散模式，如图 2-22 所示。

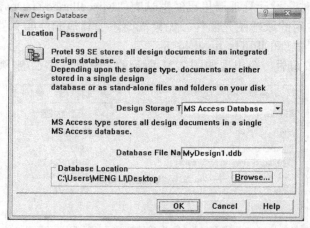

图 2-22 两种文件管理模式

采用数据库方式的文件管理时，一个设计就是一个数据库，这个设计数据库中包含与设计相关的所有设计文件。在 Windows 资源管理器中查看设计时，所显示的就是一个 "ddb" 数据库文件。

采用分散模式的文件管理时，电路设计中的每一个文件都是存放在硬盘上的独立文件。

2.5.1 各种常见的文件类型

在设计过程中，通常会建立多种文件，其中常见的文件类型如下。

（1）自动备份文件：文件扩展名为 ".bk"。

（2）设计数据库文件：文件扩展名为 ".ddb"。

（3）元件库文件：文件扩展名为 ".lib"，其中包含元器件原理图库文件和元器件封装库文件。

（4）网络表文件：文件扩展名为 ".net"。

（5）印制电路板文件：文件扩展名为 ".pcb"。

（6）电路原理图文件：文件扩展名为 ".sch"。

（7）项目文件：文件扩展名为 ".prj"。

（8）可编程逻辑器件源文件：文件扩展名为 ".pld"。

（9）报告文件：文件扩展名为 ".rep"。

（10）文本文件：文件扩展名为 ".txt"。

2.5.2　文件的更名、导入和导出

采用数据库的文件管理模式后，所有的文件操作都将在 Protel 99SE 的设计管理器中进行。前面已经介绍了 Protel 99SE 设计管理器 "Design Explorer" 的使用方法，与 Windows 资源管理器的使用方法几乎完全相同，设计者可以在设计管理器下进行文件的更名、复制、粘贴及删除等操作。可以说会使用 Windows 操作系统就能学会使用 Protel 99SE 设计管理器进行大部分的文件操作。

由于是采用数据库文件管理，随着设计的不断进行，数据库文件将会越来越大，而有时候设计者只需要其中的部分文档，比如在制作印制电路板时就只需要把设计数据库中的印制电路板文件 ".pcb" 交给印制电路板制作厂商就可以了。这样就需要将数据库中的单个文件导出。另外，设计者可能需要将设计数据库以外的文件，包括一些非 Protel 99SE 格式的文件如 Microsoft Word 文件导入数据库中，方便设计文件的统一管理。

【例 2-1】　设计文件更名并从设计数据库中导出。

（1）打开文件 "Anli02-5.ddb"。在 Protel 的设计环境中右击需要导出的文件，在弹出的快捷菜单中选择 "Close" 命令关闭需要导出的设计文件。

（2）在设计数据库文件中右击需要导出的文件，在弹出的快捷菜单中选择 "Export" 命令，如图 2-23 所示。

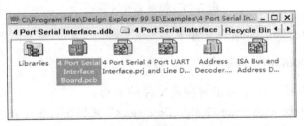

图 2-23　选择导出的文件

（3）随即弹出选择导出文件的保存路径对话框，如图 2-24 所示。

图 2-24　选择导出文件的保存路径对话框

（4）确定好保存路径后单击 保存(S) 按钮，系统将把指定文件导出至指定目录。

【例 2-2】 Word 文档的导入。

（1）打开文件"Shixum02-2.ddb"。打开需要进行导入操作的数据库。

（2）执行菜单命令 File|Import，弹出"Import File"对话框。

（3）在该对话框中选择需要导入的文件。

2.5.3 搜索文件

如果设计文件都以数据库方式进行保存，那么就很难利用 Windows 的文件查找功能对其中的文件进行设定规则的搜索，因为可能会出现这种情况，比如用户在某一天打开了很多数据库，最终仅对这些数据库中的某个电路原理图进行了修改，却忘记了这个电路原理图存放在哪一个数据库文件中。因为这些数据库的最后访问时间都很近似，所以用户在查找的时候就比较麻烦。一种方法是把打开过的数据库都再次全部打开一遍，在设计浏览器中按照时间顺序进行文件排序查找，最终找到特定文件，这种方法当然比较烦琐。此时 Protel 99SE 所提供的文件搜索功能就显得比较快捷了。打开设计数据库，执行菜单命令 File|Find Files，系统将弹出如图 2-25 所示的搜索文件对话框。

图 2-25 搜索文件对话框

搜索文件对话框中设置的各项含义如下。

1．"Name and Location"选项卡

（1）"Named"文本框：用于确定被搜索文件的名称。

（2）"Enable search through other Design Databases"复选框：选中该复选框后搜寻工作将不仅仅局限于当前打开的数据库，而是包含指定文件夹中的所有数据库文件。

（3）"Include Design Databases in subfolders"复选框：选中该复选框后，搜索工作将覆盖到子文件。

（4）"Lock In"项：在该栏中确定需要搜寻的文件夹位置。

2．"Date Modified"选项卡

"Date Modified"选项卡如图 2-26 所示。

3．"Advanced"选项卡

"Advanced"选项卡如图 2-27 所示。

（1）"Search by type"下拉列表框：在该下拉列表框中选择需要搜索文件的类型。

（2）"By Comment"文本框：进一步限制被搜索文件的设计注释。

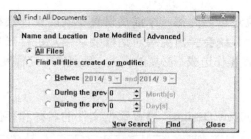

图 2-26　"Date Modified"选项卡

图 2-27　"Advanced"选项卡

（3）"Search by size"下拉列表框：对搜索文件的大小进行限制，用户可以选择小于、等于或大于指定文件大小。

2.5.4　关闭文件

Protel 99SE 中的设计项目是按照某种层次关系来管理设计数据库中的文件的，因此提供的文件关闭功能也带有一定的层次性。用户可以关闭某一个文件，也可以直接关闭某个设计项目。Protel 99SE 中有如下几种关闭文件的命令。

1）"Close"（关闭）命令

该命令用于关闭当前在工作区中打开的文件。从"File"菜单以及右击工作区中的文件标签所弹出的快捷菜单中，都可以选择"Close"命令。

2）"Close Design"（关闭设计项目）命令

该命令用于关闭当前选择的整个设计项目。在关闭设计项目时，如果没有保存编辑过的文件，则 Protel 99SE 会对每一个未保存的文件给出提示。

2.5.5　保存文件

Protel 99SE 为用户提供了自动保存文件的功能。手动保存文件的命令有如下四个。

（1）"Save"命令：保存当前工作区中的文件，相当于工具栏上的▣按钮。

（2）"Save As"命令：另存文件。

（3）"Save Copy As"命令：另存为一个文件备份。

（4）"Save All"命令：保存已打开的所有文件。

2.5.6　设计数据库的权限管理

在一个设计团队中，根据分工职责的不同，Protel 99SE 可以为设计团队的每一个成员分别设置数据库访问账号，而且还可以为每一个成员设置不同的设计数据库操作权限。当要打开进行了权限管理的数据库时，系统会弹出登录对话框要求用户进行账号登录，这样不但可以避免无关人员对数据库进行的错误操作造成不必要的损失，而且在一定程度上还可以起到保密的作用。

1．数据库文件加密

（1）执行菜单命令 File|New Design，设置数据文件的名称和存储路径，如图 2-28 所示。

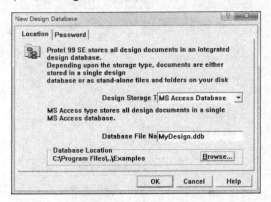

图 2-28　设置数据文件的名称和存储路径

（2）单击"Password"选项卡，打开设置设计数据库文件访问密码对话框，如图 2-29 所示。

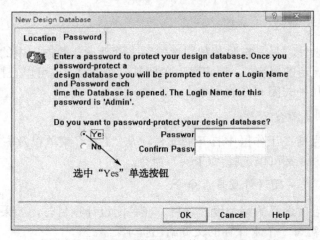

图 2-29　设置设计数据库文件访问密码对话框

（3）单击 **OK** 按钮，完成设计数据库文件访问密码的设置。
（4）打开该文件时就会打开一个对话框，要求输入用户名和访问密码，如图 2-30 所示。

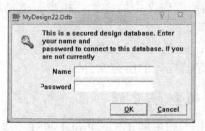

图 2-30　输入用户名和访问密码

习题

1．若想从元件库中调出需要的原理图元器件符号，绘制电路原理图前要注意什么问题？
2．简要说明对绘图区域进行缩放的具体操作方法。
3．试说明在设计一张原理图之前，应该确认或完成的设置内容有哪些。
4．Protel 99SE 的手动保存文件的命令都有哪些？
5．Protel 99SE 的关闭文件命令有哪些？
6．文档的导入与导出分别需要哪几个步骤？
7．命令状态下如何完成绘图区域的放大/缩小操作？

第3章

Protel 99SE 原理图设计

本章知识点：
- Protel 99SE 原理图中元件的绘制
- 原理图布线方法
- 电路图的电气规则检查
- PCB 布局指示符
- 原理图设计的高级技巧

基本要求：
- 掌握 Protel 99SE 原理图中元件的绘制与设置方法
- 掌握原理图布线方法
- 掌握原理图电气规则检查方法
- 理解 PCB 布局指示符的功能

能力培养目标：

通过本章的学习，了解在 Protel 99SE 中进行电路原理图设计的基本方法，包括元件的绘制与设置、原理图布线的方法、电气规则检查方法，并通过原理图设计中的一些高级技巧的学习提高对原理图的设计能力。

电路设计共分为两大部分：原理图设计和电路板设计。原理图的设计在 SCH 系统中进行，电路原理图是电路板设计的基础，只有设计好原理图才有可能进行下一步的电路板设计。从现在起开始介绍如何用 SCH 系统设计电路原理图、编辑修改原理图、修饰说明电路原理图以及对电路原理图的一些高级操作。

3.1 元件

3.1.1 放置元器件

绘制电路原理图首先要将所需的元器件摆放好。放置元器件有通过原理图浏览器放置元器件和通过菜单命令放置元器件两种方法。下面分别介绍操作方法。

1）通过原理图浏览器放置元器件

需要放置元器件时，首先单击设计管理器下的 **Browse** 项目右边的

二维码 9 添加元器件

按钮，在出现的下拉菜单中单击 **Libraries** 选项。

　　然后在 **Browse** 项目下面的列表框中找到需要的元件库，可以单击▲或者▼按钮及拖动滚动条□翻页。之后在 **Filte** 下面的列表框中找到需要的器件型号，单击该元器件名称即可选定该元器件，此时设计管理器最下方的列表框中将会出现该元器件的缩略图，如图 3-1 所示。

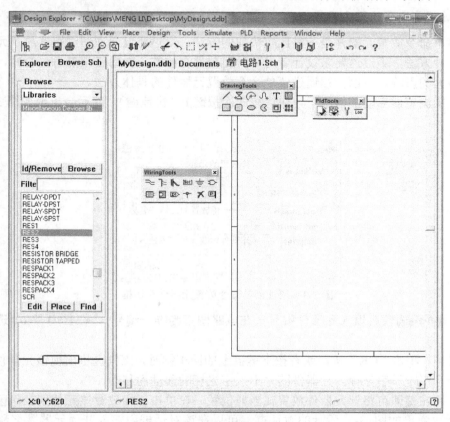

图 3-1　选择元器件

　　假设需要 RES2 电阻，则选取 RES2 后再单击 Place 按钮，此时鼠标光标会跟随一个浮动状态的电阻图案且鼠标指针上方有一个"十"字光标，如图 3-2 所示。

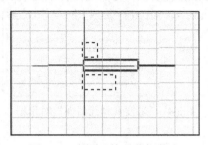

图 3-2　选择元件后鼠标状态

　　元器件随"十"字光标的移动而移动，移动该电阻图案至编辑区适当位置后，单击鼠标左键，便可将该电阻固定下来。

　　放置一个元器件后，系统依旧处于放置元器件状态。

　　此时移动光标并单击鼠标左键，就会在光标所在的位置再次放置一个相同的元器件。只有按下键盘左上角的 Esc 键或者单击鼠标右键才能退出元器件放置状态，即只有按下 Esc 键或者单击鼠标右键才能执行其他的操作。

按照上述方法可依次将整个电路需要的元器件（对于复杂电路，可以先放置部分元器件）放置到工作区。

2）通过菜单命令放置元器件

通过菜单命令放置元器件是一种比较快捷的方法。虽然通过原理图浏览器放置元器件是比较直观的一种方法，不过这要求设计者对各种元器件存放的元件库必须熟悉；否则，绘图速度就要受到很大的影响。下面介绍通过菜单命令放置元器件的具体方法。

在原理图浏览器启动的情况下，快速按两次按键 P（快捷键），随后会出现如图 3-3 所示的对话框。

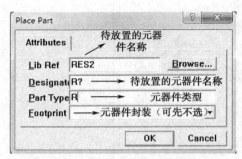

图 3-3　通过菜单命令放置元器件对话框

在 **Designat** 选项后填入元器件编号（在电路图里为唯一编号），在 **Part Type** 选项后填入元器件类型。

输入完毕，单击"OK"按钮或者按下键盘上的回车键时，工作区将出现该元器件，鼠标指针上方有一个"十"字光标，元器件随"十"字光标的移动而移动。

单击鼠标左键即可将该元器件放置在当前位置。在单击鼠标放置该元件到工作区后，工作界面上会再次弹出如图 3-3 所示的对话框，可以在该对话框中输入其他元器件名称然后单击"OK"按钮放置其他元器件。只有在单击"Cancel"按钮后才可以退出放置状态。

如果输入的元器件名称在当前元件库中没有搜索到，则会弹出如图 3-4 所示的对话框，提示该器件没有搜索到。此时可以改变元件库或者元器件名称再次进行搜索。

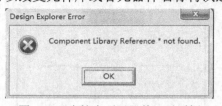

图 3-4　"未搜索到元器件"对话框

3.1.2　调整元器件

放置元器件后，通常还需要对元器件的位置、方向、封装形式等参数进行调整。下面分别介绍具体的方法。

1）移动元器件

移动单个元器件的方法很简单，只需要将鼠标移动到需要移动的元器件上面，然后单击该元器件，随后鼠标指针将会变成以鼠标光标为中心的"十"字形，元器件四周也将出现一个虚线框（即选中该元器件），如图 3-5 所示。

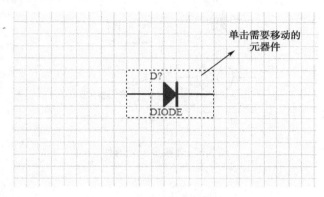

单击需要移动的元器件

图 3-5　选中需要移动的元器件

　　选中需要移动的元器件后，按住鼠标左键不放，拖动鼠标，此时元器件会随鼠标指针一起移动，将元器件拖到理想的位置后松开鼠标左键，即可完成元器件移动工作。

　　另外，先单击元器件，待元器件周围出现虚线框，再单击该元器件（即用鼠标左键"缓慢双击"，间隔 1s 以上），鼠标指针将会变成以鼠标光标为中心的"十"字形（浮动状态）。此时，移动鼠标（不用拖动）即可移动元器件，待移动到理想位置后单击鼠标左键即可将该元器件移动至此。不过此时元器件周围仍然有虚线，只需在工作区的任意空白处再单击鼠标左键即可使元器件恢复正常。

　　2）选择/复制元器件

　　在 Protel 99SE 软件中选择元器件有点取和选取两种方式。点取是指用鼠标单击点取某个对象；选取是用鼠标框选某个或某组对象。可以点取的对象是元件、线、连接点、电源端口等；选取对象包括可以点取的所有对象，也包括由点取对象组成的图案。点取的主要作用是删除被点取的对象，选取的作用是复制、删除、移动和批量修改被选取的元件。

　　用鼠标单击或者"缓慢双击"（间隔 1s 以上）某个元件即可实现点取操作，单击元件后，该元件的周围会出现虚线框，表示该元件已被选取，此时按键盘上的 Delete 键就可以删除元件。

　　点取还可以用来更改元器件的名称、序号等，如用鼠标"缓慢双击"发光二极管的名称标注"LED"，随后"LED"就会处于反色状态。这时通过键盘就可以输入需要更改的内容，输入完毕，用鼠标单击空白处即可。

　　选取的方法也很简单，用鼠标指向待选元件的左上角，按住鼠标左键不放，在需要选择的元器件区域拖动，拖动的区域将出现一个虚线框，直至拖出一个满意的虚线框，然后松开鼠标左键即可将该区域的元器件选中，如图 3-6 所示。

　　选取多个元器件后就可以移动整个选择的矩形框，同时按下 Ctrl 和 Delete 键可以删除被选取的全部元器件；依次按下 X、A 键可撤销选取操作。在选取状态下，同时按下 Ctrl 和 C 键可以复制选择的元器件，复制后同时按下 Ctrl 和 V 键，然后移动鼠标到目标位置，单击鼠标左键就可以将复制的多个元器件粘贴一份出来。

　　在选择多个元器件并移动后，它们还是处于选中状态，那么怎样才能将它们的选中状态取消以进行后面的工作呢？方法很简单：用鼠标左键依次单击 Edit|DeSelect|All 按钮，即可将当前选中的所有元器件的选中状态取消。

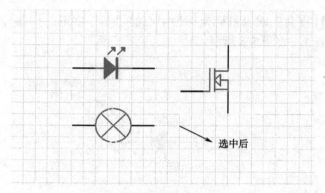

图 3-6　选取多个元器件

3）旋转元器件

在将元器件摆放到合适的位置后，通常还需要将元器件按照一定的角度进行旋转，以满足电路的需要。

旋转单个元器件的方法很简单，只需将鼠标移动到需要旋转的元器件上面，然后单击该元器件，鼠标指针将会变成以鼠标光标为中心的"十"字形。

在元器件四周出现虚线框的状态下，按住鼠标左键不放，此时按下快捷键即可对元器件进行相应的旋转。

在按下鼠标左键不松手的情况下，每按一次键盘上的空格键，元器件将逆时针旋转 90°。

在按下鼠标左键不松手的情况下，每按一次键盘上的 X 键，元器件将进行一次水平镜像。

在按下鼠标左键不松手的情况下，每按一次键盘上的 Y 键，元器件将进行一次垂直镜像。效果如图 3-7 所示。

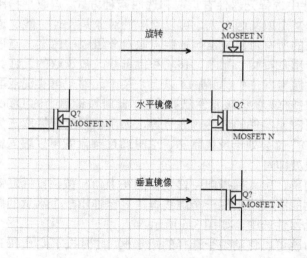

图 3-7　效果图

4）删除元器件

在放置元器件后，若对放置的元器件不满意或者放置了多余的元器件，则可以将其删除。在 Protel 99SE 中要删除元器件也很简单。若只需删除单个元器件，则可以用鼠标左键依次单击菜单栏中的"编辑"|"删除"按钮。

然后将鼠标光标移到需要删除的元器件上方，此时鼠标指针将会变成以鼠标光标为中心的"十"字形，在此元器件上单击鼠标即可将该元器件删除。

删除一个元器件后，系统依旧处于删除元器件状态，此时移动光标并单击鼠标左键，就会在光标所在的位置再次删除一个元器件。只有按下键盘左上角的 Esc 键或者单击鼠标右键才能退出元器件删除状态。

依次按下 E、D 键，相当于用鼠标左键依次单击工具栏中的"编辑"|"删除"按钮。该快捷键对于其他编辑器也适用。

如果需要删除多个元器件，则用上述方法就有点太麻烦了。此时可以先将所有需要删除的元器件都选中，然后用鼠标左键依次单击菜单栏中的"编辑"|"清除"按钮，选中的多个元器件就会被删除。

删除多个元器件，也可以在选中多个元器件后按下快捷键"Ctrl+Delete"。

3.1.3　元器件的属性

元器件的属性主要包括元器件在电路原理图中的编号、封装形式、引脚定义、元器件型号等内容。

需要编辑属性时，双击该元器件即可出现如图 3-8 所示的对话框，然后在该对话框中单击 **Attributes** 标签，在该标签下的窗口中即可修改元器件属性。

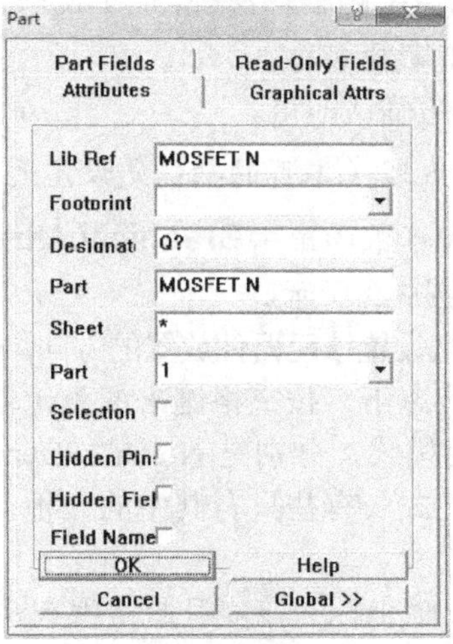

二维码 10　元器件属性

图 3-8　"元器件属性设置"对话框

图 3-8 中各项内容的含义如下。

1）**Attributes** 标签下的内容（本页的功能是设定元器件的基本属性）

Lib Ref：本栏中的内容表示该元器件在元件库中的名称，内容属于指示性质，即使改变，也不会对电路有显著的影响，且不会在原理图中显示出来。

Footprint：本栏中的内容表示该元器件的封装形式。一个元器件可以有多种封装形式。元件的封装形式主要用于印制电路板图。如果要根据该电路原理图来设计印制电路板，那么本栏中的内容一定要符合元器件的实际封装形式才行。这一属性在电路原理图中不显示。

Designat：本栏中的内容为元器件序号栏（如图 3-7 所示中的"Q?"），其内容必须是整张电路原理图中唯一的一个序号，绝对不允许与其他元器件的序号重复；否则，布印制电路板时将导致不能布通的问题（手动布线除外）。

Part：本栏中的内容用来设置元器件放置妥当后，在电路原理图上显示的元器件型号（如图 3-7 所示的 "MOSFET N"）。该对话框中有两个 "**Part**" 栏，此处为上部的。

Sheet：图纸号，通常默认为 "*"，一般情况下不用修改。

Part：本栏中的内容用来设定同一个集成块中的几个相同功能的部分，主要是针对复合封装的元器件而设的。对于封装内部只有一个功能电路的集成电路，该栏中的数字为 "1"，且不可调；若封装内部有多个功能相同的电路，则该栏中的数字不为 "1"，且可调。

Selection　□：本选项的内容用来设置该元器件在放置后的选取状态。如果不选中本选项，则所放置的元器件将是正常状态（非选中状态）；如果选中本选项，则所放置的元器件将处于选中状态（周围为黄色框）。

Hidden Pin　□：本栏中的内容用来设置该元器件在放置后是否显示隐藏引脚。如果不选中本选项，则所放置的元器件将是正常状态（不隐藏引脚）；如果选中本选项，则所放置的元器件将出现隐藏引脚（通常是电源引脚）。

Hidden Fiel　□：本栏中的内容用来设置该元器件在放置后是否显示隐藏栏。如果不选中本选项，则所放置的元器件将处于正常状态（不显示隐藏栏）；如果选中本选项，则所放置的元器件将出现隐藏栏。

Field Name□：本栏中的内容用来设置该元器件在放置后是否显示隐藏栏名称。如果不选中本选项，则所放置的元器件将不显示隐藏栏名称；如果选中本选项，且选中了 **Hidden Fiel**　□选项，则所放置的元器件将出现隐藏栏名称。

设置完毕后，单击 "OK" 按钮确认即可。

2）**Graphical Attrs** 标签下的内容（本页的功能是设定元器件的位置/角度等属性）

双击元器件，然后在出现的对话框中单击 **Graphical Attrs** 标签，在该标签下的窗口中即可修改元器件位置/角度等属性，如图 3-9 所示。

Orientatio：本栏中的内容用来设置该元器件放置的方向，分别是 0°、90°、180° 及 270°。不过，也可以在该元器件浮动的状态下，按空格键来调整元器件的方向。

Mode：本栏设定该元器件的模式，分别是 Nomal、Demorgan 及 IEEE 三种模式。不过，并不是每一种元器件都有这三种模式（有些只有其中的一种，有些只有其中的两种，有些三种模式都有）。

X-Locatio：设定元器件的 X 轴坐标。该项目通常用来精确定位元器件的 X 轴坐标，若需要远距离移动元器件，还是利用鼠标拖曳方便。

Y-Locatio：设定元器件的 Y 轴坐标。该项目通常用来精确定位元器件的 Y 轴坐标，若需要远距离移动元器件，还是利用鼠标拖曳方便。

Fill Colo：设定元器件中填充的颜色。

Line Colo：设定元器件边框的颜色。

Pin Color：设定元器件引脚的颜色。

Local Color□ **LocalColors**：前三项颜色设置确认选项，选中后，前面三项颜色的设置才有效；未选中时，前面三项颜色的设置无效。

Mirrored　☑ **Mirrored**：元器件翻转确认。

直接用鼠标双击元器件标注，即可打开 "元器件标注设置" 对话框，如图 3-10 所示。

设置完毕后，单击"OK"按钮确认即可。

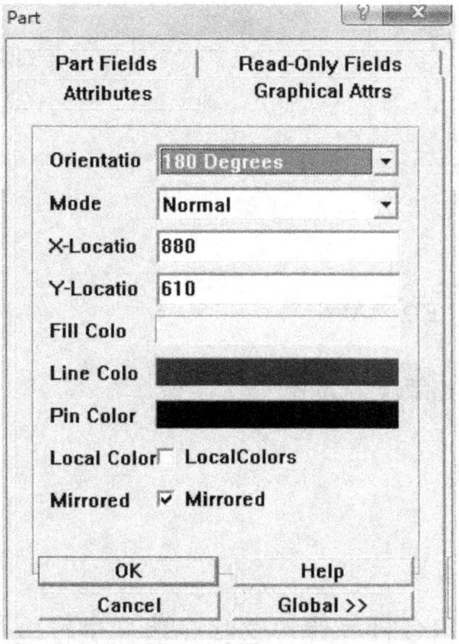

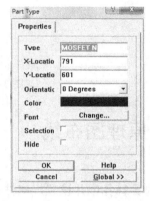

图 3-9 "元器件位置/角度属性修改"对话框 图 3-10 "元器件标注设置"对话框

有时在放置完元器件后，会发现引脚名称的位置太靠外，影响美观，如图 3-11 所示。

出现这种情况可以按照下面的方法进行调整。

在绘图区的任意空白部位右击，在出现的菜单中单击"Preferences…"优选项。

随后就会弹出如图 3-12 所示的"优选项设置"对话框。

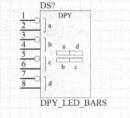

图 3-11 靠外的引脚名称位置

图 3-12 中，"Schematic"标签中"Pin Options"区块下的"Pin Name"是元器件名称到矩形框的距离，"Pin Number"是元器件编号到矩形框的距离，把这两个值都改为 5，然后单击"OK"按钮确认，即可看到引脚的位置已经调整得比较美观了，如图 3-13 所示。

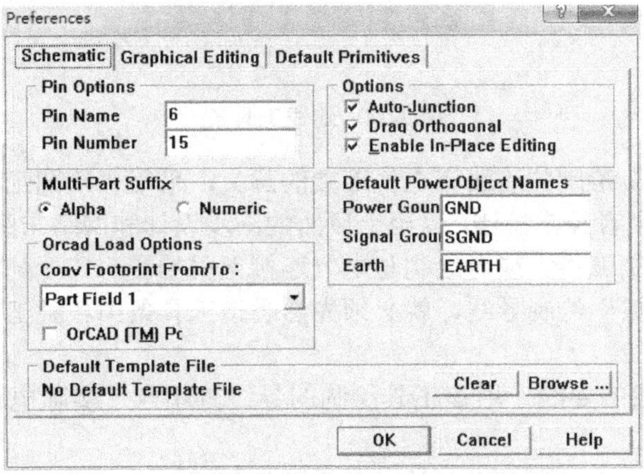

图 3-12 "优选项设置"对话框

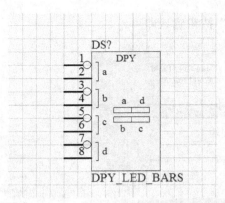

图 3-13　调整后的引脚名称位置

3.2　原理图布线

　　元器件都各就各位并设置好属性后，还需要用各种导线将这些元器件进行电气意义上的连接。电路原理图中元器件的连接方式有普通导线连接、总线连接及网络标号连接三种类型。下面分别介绍这三种连接方法及它们的区别。

　　将电路原理图中的各个元器件用导线连接起来最直观的方法就是通过"连线工具条"绘制各种导线。"连线工具条"如图 3-14 所示。

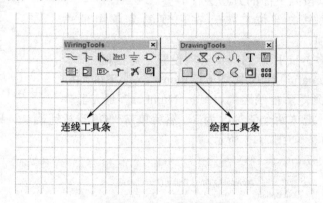

图 3-14　连线工具条

　　采用"连线工具条"绘制的连线有电气连接的意义，采用"绘图工具条"绘制的连线没有电气连接意义，许多初学者经常搞错，以至于后面的同步设计和网络布线无法进行。"绘图工具条"用于在原理图上绘制表格，或者绘制与电气连接无关的图形。

　　若要用"连线工具条"绘制导线，就必须先熟悉该工具条中各种工具的作用。下面就分别介绍各种工具的作用。

　　≈：用来绘制一般的导线，用该工具绘制的导线就相当于实际电路中的导线，各个元器件可用此导线相互连接。

　　↙：用来绘制总线，在绘制用总线连接的电路原理图时，可用该工具绘制具有电气连接意义的电路总线。

：用来绘制总线分支线，在绘制总线连接的电路原理图时，可用该工具绘制电路总线中具有电气连接意义的总线分支线。

：网络标号设置工具，在绘制网络标号连接的电路原理图时可用来设置在电气意义上相连接的网络标号（相同的网络标号相连接）。当电路线太长时，为避免编辑版面过于复杂，可以通过此功能让电路看起来更简洁。

：用来绘制电源接点及接地符号（有多种接地符号供选择），可将线路设为等电位，通常用于表示接地；双击鼠标左键，出现设置窗口，可调整名称、符号及摆放位置，在浮动状态下可以用键盘空格键调整摆放方向。

：取用元器件工具，单击该工具后，工作区就会出现"放置元器件"对话框。

：用来绘制具有一定功能的方块电路。

：用来绘制方块电路中具有电气意义的输入/输出端口（方块电路端口）。

：用来制作具有电气意义的输入/输出端口。

：连接点放置工具，通过该工具可以在电路原理图上放置一个具有电气连接意义的连接点（将交叉的导线在电气意义上连接起来）。通常，在电路图中相交错的电路被视为各自独立，若要将这些相交错的线路设为公共汇合点，则可使用此符号标注。

：设置忽略电气规则测试工具，用该工具设置的连接点在进行电气规则测试时，无论是否出现问题均被忽略；连接元器件时，若有未使用的引脚，则可以用此符号标注，确定此路径或端点没有任何线路连接，并在后续的 ERC 电路规则检查时将会略过。

：PCB 布线焊盘设置，可以在原理图上放置一个焊盘。

采用 工具布线时，软件提供数种走线方式，可以用键盘空格键切换，如图 3-15 所示。

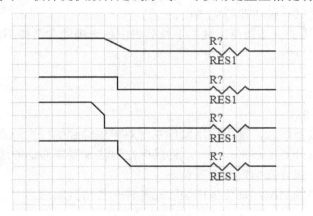

图 3-15　用键盘空格键切换走线方式

3.2.1　绘制导线

需要绘制导线时，要先单击"连线工具条"中左上角的 按钮，然后将光标移至工作区中，此时就会发现鼠标指针上方有一个"十"字形光标。

将鼠标光标移到需要绘制导线的地方，在导线的起始点单击，然后在该点拖动鼠标（左键一直按下），随着鼠标的拖动，工作区中就会出现一条导线，导线绘制到终点后，单击鼠标右键即可完成该条导线的绘制工作。

绘制一段导线后，需要单击鼠标右键，才能结束这一段线。此时，鼠标还处于放置线状态，可以继续放置其他需要连接的线，移动光标并单击鼠标左键，就会在光标所在的位置再绘制一条导线。只有按下键盘左上角的 Esc 键或者在空白处单击鼠标右键，才能退出导线绘制状态，即只有按下 Esc 键或者单击鼠标右键才能执行其他操作。

重复上述步骤，即可将整个电路原理图中的所有导线全部绘制完成。图 3-16 所示是一个"简易的指示灯电路"导线绘制完成后的界面。

在需要将导线画为折线时，可以在需要转折的地方单击鼠标左键，然后继续拖动鼠标按需要的方向移动即可。在每一次转折点，都需要单击鼠标左键，然后再拖动。

若需要修改导线，则需要先点选该线段，此时线段上会显示数个节点。然后再点选欲调整的节点，线段即可变成局部浮动状态以供修改。若要移动整个线段，则直接以鼠标拖曳该线段。

若对绘制的导线外观不满意，则可以用鼠标左键双击该导线，随后就会出现一个"导线属性"对话框，如图 3-17 所示。在该对话框中可以设定导线的形状、颜色等内容。

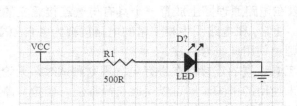

图 3-16　简易的指示灯电路

图 3-17　"导线属性"对话框

单击"导线属性"对话框中 **Wire** 选项右边的 ▼ 按钮，在弹出的下拉列表中选择一个需要的导线类型，然后单击 OK 按钮即可完成设置。

单击 **Wire** 选项右边的 ▼ 按钮后出现的下拉列表中各选项的含义如下。

Smallest：最细的导线；

Small：细的导线；

Medium：粗的导线；

Large：最粗的导线。

如果对导线的长度不满意，则可以用鼠标左键对着该导线的任意一点单击，该导线两端就会出现一个方块状的选择点 ■————————■，将鼠标左键移到需要移动的那一端的方块状选择点上拖动鼠标，即可将导线任意缩短或者延长。

如果需要将某条导线删除，则可以像删除元器件一样将其删除。

3.2.2　在电路原理图中放置节点

节点的作用是将电路原理图中两个交叉的导线在电气意义上连接起来。如果在一个交叉的电路上有节点，则表示这些交叉的导线在有节点的地方是相连的；反之，如果在导线交叉的地方没有电路节点，则表示这些交叉的导线在电气意义上没有任何关系，将导线交叉只是为了绘制电路方便而已。电路原理图中的节点如图 3-18 所示。

需要在电路原理图中放置节点时，要先单击"连线工具条"中的 ┳ 按钮，鼠标指针将会变成以鼠标光标为中心的"十"字形。

然后将鼠标光标移到需要放置节点的位置，单击鼠标，即可在该处放置一个节点。放置一个节点后，系统依旧处于放置节点状态，此时移动光标并单击鼠标左键，就会在光标所在位置再次放置一个节点。只有按下键盘左上角的 Esc 键或者单击鼠标右键，才能退出元器件放置状态并执行其他操作。

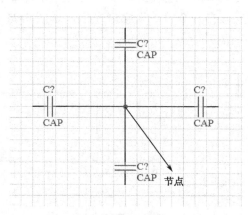

图 3-18 电路原理图中的节点

电路原理图中的节点既可以在电路原理图绘制完成后由设计者手工放置，也可以让系统在绘制连线时自动放置。

若想让系统自动放置节点，则要先进行一些设置才行：单击菜单栏中的 Tools|Preferences…优选项。

随后出现如图 3-19 所示的对话框。在该对话框中将 □ **Auto-Junction** 选项前的复选框选中。此后，在用"连线工具条"中的导线工具 ⇌ 绘制导线时，系统就会自动在两条导线交叉的地方放置一个节点。

需要注意的是：虽然让系统自动放置节点可以节省不少手动放置节点的时间，但是系统在放置节点时是所有的交叉点都放置，有时难免会在不需要节点的交叉处"画蛇添足"。因此，在电路原理图绘制完成后要仔细检查有无多余的节点，以确保电路原理图的准确性。

若对放置的节点不满意，则可以用鼠标左键双击该节点，在弹出的对话框中设置节点的属性，如图 3-20 所示。

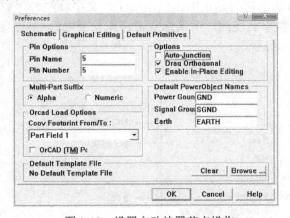

图 3-19 设置自动放置节点操作

图 3-20 设置节点属性

3.2.3 在电路原理图中放置电源端口

电源端口用来表示相同连接点的电源属性。在原理图中使用电源端口，可以使电路的电源分布一目了然，既简化了绘图操作，也方便阅读电路原理图。

需要放置电源端口时，要先单击"连线工具条"中左上方的 ⏚ 按钮，然后将光标移至工作区中，此时会发现鼠标指针上方有一个"十"字形光标，如图 3-21 所示。

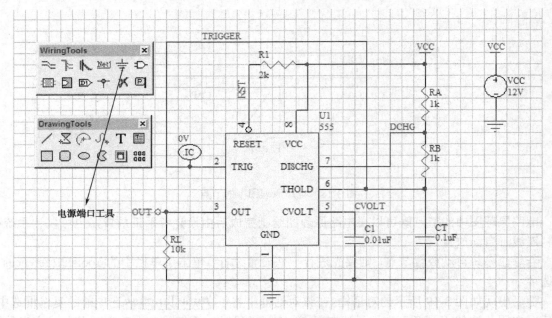

图 3-21　放置电源端口

将鼠标光标移到需要放置电源/接地端子的地方，单击鼠标左键，即可在该处放置一个电源，或者同时按下空格键进行旋转，直至满意为止。

放置一个电源/接地端子后，系统依旧处于放置电源/接地端子状态，此时移动光标并单击鼠标左键，就会在光标所在位置再放置一个电源或者接地端子。只有按下键盘左上角的 Esc 键或者在空白处单击鼠标右键，才能退出放置电源/接地端子状态。

电源端口实际上只是一种连接端，默认放置的是正电压供电端子，文字标注为"VCC"，表示不同的电源连接是靠更改电源端口类型来实现的。用鼠标双击任意一个电源端口，就会弹出如图 3-22 所示的"电源端口属性设置"对话框。

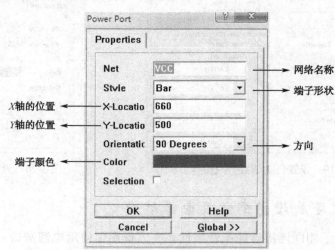

图 3-22　"电源端口属性设置"对话框

在如图 3-22 所示的对话框中可以设置该电源端口的网络名称、形状、*X*/*Y* 轴位置、方向、颜色等参数。

在属性设置对话框中，网络名称选项中的文字内容必须准确，若是电源端子，就应该填入"VCC"或者具体电压值（如+5V）；若是接地端，就应该填入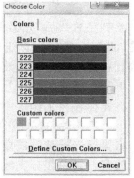
"GND"（大写，不能小写）。尤其需要注意的是，接地端子与电源端子的名称不能混淆；否则，在后面的工作中可能会遇到一些问题。

如果该原理图中有多个相同网络名称的电源端口，那么这些相同网络名称的电源端口在电气意义上是相连的。

对于端口形状选项，可以单击"Style"选项右边的▼按钮，从下拉列表中选择一个需要的形状，设置完成后，单击"OK"按钮即可。

用鼠标单击"电源端口属性设置"对话框中的"Color"栏目，会弹出"更改颜色"对话框，如图 3-23 所示。

图 3-23　"更改颜色"对话框

3.2.4　绘制总线

单击"连线工具条"中的 ⊦ 按钮，然后将光标移至工作区中，此时会发现鼠标指针上方有一个"十"字形光标。

将鼠标光标移到需要绘制总线的地方，在总线的起始点单击左键，然后在该点拖动鼠标，随着鼠标的拖动，工作区中就会出现一条总线。导线绘制到终点后，单击鼠标右键即可完成该条导线的绘制工作。

二维码 11　布线原则

在需要将总线画为折线的时候，可以在需要转折的地方单击鼠标左键，然后继续拖动鼠标按需要的方向移动。在每一个转折点，都需要单击一次鼠标左键，然后再拖动。转折总线如图 3-24 所示。

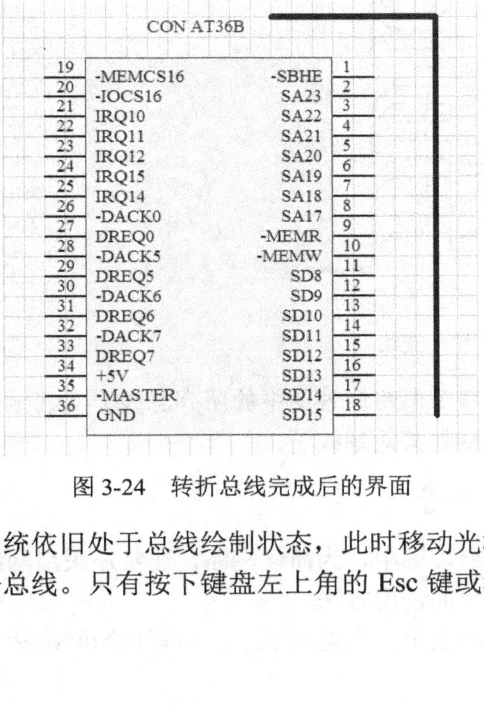

19	-MEMCS16	-SBHE	1
20	-IOCS16	SA23	2
21	IRQ10	SA22	3
22	IRQ11	SA21	4
23	IRQ12	SA20	5
24	IRQ15	SA19	6
25	IRQ14	SA18	7
26	-DACK0	SA17	8
27	DREQ0	-MEMR	9
28	-DACK5	-MEMW	10
29	DREQ5	SD8	11
30	-DACK6	SD9	12
31	DREQ6	SD10	13
32	-DACK7	SD11	14
33	DREQ7	SD12	15
34	+5V	SD13	16
35	-MASTER	SD14	17
36	GND	SD15	18

CON AT36B

图 3-24　转折总线完成后的界面

绘制完一条总线后，系统依旧处于总线绘制状态，此时移动光标并单击鼠标左键，就会在光标所在的位置再绘制一条总线。只有按下键盘左上角的 Esc 键或者在空白处单击鼠标右键，才能退出总线绘制状态。

如果对绘制的总线不满意，则可以双击该总线，然后在如图 3-25 所示的"总线属性设置"对话框中设置该总线的宽度、颜色等属性。

3.2.5　绘制总线分支线

图 3-25　"总线属性设置"对话框

绘制完总线后，元器件的接线端子与总线之间还是没有连接的，此时必须使用总线分支线才能将它们连接起来。下面介绍放置总线分支线的方法。

单击"连线工具条"中的 ↖ "绘制总线分支线"按钮，然后将光标移至工作区中，此时就会发现鼠标指针上方有一个"十"字形光标，光标的左上方有一个"/"形状的总线分支线。

将鼠标光标移到需要放置总线分支线的地方，单击左键，即可放置一条总线分支线。

放置一条总线分支线后，系统依旧处于放置总线分支线状态，此时移动光标并单击鼠标左键，就会在光标所在的位置再放置一条总线分支线。只有按下键盘左上角的 Esc 键或者在空白处单击鼠标右键，才能退出放置总线分支线状态。

需要旋转总线分支线的方向时，可以在放置总线分支线前按下键盘上的空格键进行旋转，如图 3-26 所示。

如果对绘制的总线分支线不满意，可以双击已经放置的总线分支线，即可弹出如图 3-27 所示的"总线分支线属性设置"对话框。在该对话框中可以设置总线分支线的坐标位置、宽度、颜色等属性。

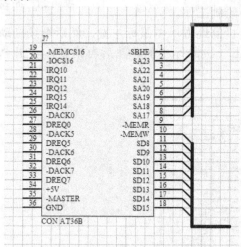

图 3-26　旋转总线分支线

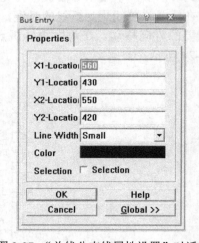

图 3-27　"总线分支线属性设置"对话框

重复上述步骤，即可将整个电路原理图中的所有总线分支线全部放置完成。放置完总线和总线分支线后，接着就可以绘制其他导线了。

3.2.6　放置网络标号

在采用总线连接的电路原理图中，为简化电路，通常还采用网络标号将相同功能的连接端连接起来。下面介绍网络标号的使用方法。

网络标号在电气意义上相当于一个电气节点，具有相同网络标号的元器件引脚、导线、电源及接地符号在电气意义上是连接在一起的。因此，可以将两个距离比较远且连线比较复杂的节点之间命名为相同的网络标号，以实现它们之间的电气连接。下面介绍设置网络标号的方法。

网络标号的作用和电源端口的作用是相同的，电源端口可以理解成一种图形化的网络标号。如果在一个电路原理图里有多个相同网络名称的电源端口，那么这些相同网络名称的电源端口在电气连接意义上是相连的。网络标号和电源端口的配合使用可以明显简化电路原理图，提高绘图速度。

网络标号和电源端口为电路原理图和 PCB 的修改提供了极大的方便，如图 3-28 所示为采用网络标号连接的电路。如果用网络标号进行连接，则电路不算复杂。但是，如果用导线来连接，连线就比较复杂了，不但绘图速度难以提高，而且绘图的准确率也不能保证。用了网络标号之后，原理图就显得简洁多了。

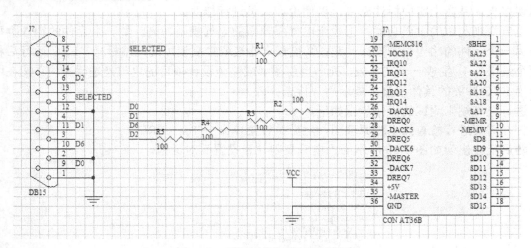

图 3-28　采用网络标号连接的电路

在电路原理图中，相同的网络标号是相连的。放置网络标号可以单击"连线工具条"中的 Net 按钮，然后将光标移至工作区中，此时会发现鼠标指针上方有一个"十"字形光标，光标左上角有一个虚线框。

鼠标指针上方"十"字形光标下面的小黑点表示该网络标号与电路的连接点。将鼠标光标移到需要放置网络标号的地方，单击左键一次，即可放置一个网络标号，默认的网络标号名称为"Netlabel1"。其中，"Netlabel1"后面的数字是系统自动添加的序号，其数值随着网络标号的增加而增加。网络标号为浮动状态时，可按空格键改变其方向。

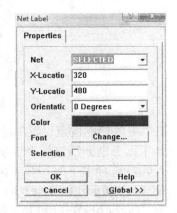

图 3-29　"网络标号属性设置"对话框

放置一个网络标号后，系统依旧处于放置网络标号状态，此时移动光标并单击鼠标左键，就会在光标所在的位置再放置一个网络标号。只有按下键盘左上角的 Esc 键或者在空白处单击鼠标右键，才能退出放置网络标号状态。

用鼠标左键依次单击菜单命令 Place | Netlabel，也可以执行放置网络标号的操作。

双击已经放置的网络标号，即可弹出如图 3-29 所示的"网络标号属性设置"对话框。

在"Net"栏中可以更改自己需要的网络标号名称,单击"OK"按钮确认即可。

在实际工作中,可以根据不同的需要选择电路图元器件之间的连接方式:可以采用普通导线连接,也可以采用总线连接等连接方法。当然也可以在一张比较复杂的电路原理图中采用多种电路连接方式,以简化电路,便于阅读。

3.3 电路图的电气规则检查

电气规则检查(Electrical Rule Check,ERC)利用 Protel 99SE 软件对设计的电路原理图进行测试,以便检查出不符合电气规则的地方。执行检查操作后,软件会自动生成各种可能出现的错误报表,并在电路中标注出来,以便设计人员进行修改。

电气规则测试的主要功能:①检查电气原理图的电气规则冲突,如一个元件的输入类型引脚与另一个元件的输出引脚连在一起;②检查未连接或重复使用的网络标号。ERC 运行后将产生两个结果:①生成一个文本表,列出当前图纸或整个设计项目的电气及逻辑冲突;②在图纸上标出 ERC 冲突的具体位置,提示用户检查修改。

进行电气规则测试的操作步骤如下。

打开需要进行检查的电路原理图,然后执行菜单命令 Tools|ERC。

随后就会出现如图 3-30 所示的"电气规则检查设置"对话框。

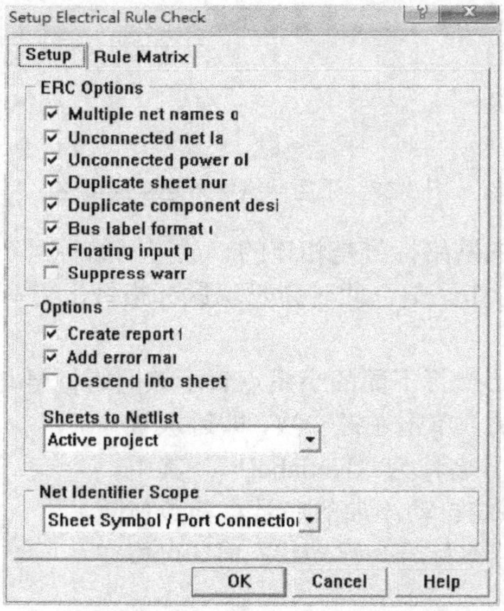

图 3-30 "电气规则检查设置"对话框

在"电气规则检查设置"对话框中,有 **Setup** 和 **Rule Matrix** 两个选项卡,默认为 **Setup** 选项卡。下面分别介绍这两个选项卡下各选项的具体内容。

Setup 选项卡下的 **ERC Options** 选项组:

☑ **Multiple net names o**:检查同一电路中重复命名的网络标号。

☑ **Unconnected net la**:检查电路图中存在未实际连接的网络标号选项。所谓"未实际连接的网络标号"是指实际网络标号存在,但该网络未连接到其他引脚或"Part"上而成为悬浮状态。

☑ **Unconnected power ol**：检查孤立的电源部件。

☑ **Duplicate sheet nur**：检查重复使用的图纸符号。

☑ **Duplicate component desi**：检查重复使用的元件标号。

☑ **Bus label format**：检查总线符号的格式错误。

☑ **Floating input p**：检查悬空的输入引脚。

☐ **Suppress warr**：提示警告信息。

Setup 选项卡下的 **Options** 选项组：

☑ **Create report**：创建记录文件，保存 ERC 检查结果到文件中，然后通过文本编辑器等浏览或修改。

☑ **Add error mai**：在错误位置放置错误符号，以便用户及时发现错误后修改。

☐ **Descend into sheet**：将测试结果分解到每个原理图中，该选项主要应用在层次原理图中。

Setup 选项卡下的 **Sheets to Netlist** 列表框：

该列表框主要用来确定进行 ERC 检查的范围，单击选项右边的▼按钮，在弹出的下拉列表中选择一个需要的内容即可。

Active sheet：仅检查当前打开的原理图文件。

Active project：检查当前打开原理图项目中的所有原理图文件。

Active sheet plus sub sheets：检查当前打开的层次原理图中的总图文件及其功能电路文件。

Setup 选项卡下的 **Net Identifier Scope** 列表框：

该列表框用来确定检查时识别网络的类型，单击选项右边的▼按钮，在弹出的下拉列表中选择一个需要的内容即可。

Net Labels and Ports Global：对于网络标号和端口全局都有效。

Only Ports Global：仅端口全局有效。

Sheet Symbol / Port Connectio：总图符号与功能电路图端口相连接有效，适合在层次原理图中应用。

造成电气规则检查出现错误的原因有很多，一般来说，主要有以下几种原因。

1）绘图错误

绘图错误包括连线与引脚重叠、用几何连线代替电气连线、文字标注与网络标号相混淆、连线的端点与元件引脚没有严格的相互连接，或总线的终点不是元件的引脚，而是在元件的其他部位等。

2）语法错误

如网络标号拼写错误、出现非法字符及总线标号的格式错误等。

3）引脚方向不正确

引脚的连线端点在元件的内侧而不是在外侧（这是由自制的原理图元件引起的）、元件引脚的输入/输出类型不正确等。

4）设计错误

如两个输出引脚连接在一起、不同网络标号的网络连接在一起及电源与输出引脚连接在一起等。

设置规则后，单击"OK"按钮进行确认，系统会按照设定的规则对电路原理图进行电气规则测试操作。测试完毕，系统会将测试报告以文本的形式列出来，如图3-31所示。

```
Error Report For : 555 Astable Multivibrator\555 Astable Multivibrator.sch   17-Oct-2014  20:14:07
#1 Error  Duplicate Designators 555 Astable Multivibrator.sch J? At (209,501) And 555 Astable Multivibrator.sch J? At (600,500)
End Report
```

图3-31　测试报告

若电路原理图中不存在电气错误，则测试的结果中就不会出现错误内容。

排除错误时，要从错误标记处开始查找。如果错误原因不在标记处，则可沿着网络连线查找，甚至进入功能电路图查找，以找到错误的来龙去脉。对于悬空的输入引脚错误，通常是由原理图开路引起的。虽然错误标记显示在输入引脚处，但实际上开路可能出现在输出引脚和悬空引脚之间的任何位置，需要沿网络查找。对于过多的总线错误报告，可能是总线本身错误，包括拼写、标号或连接错误等。

如果用户不想显示测试中出现的警告性测试项，就可以利用放置"No ERC"符号的方法进行解决。在原理图设计中警告出现的位置放置"No ERC"符号，可以避开 ERC 测试。但是在放置"No ERC"符号之前，应当先将测试报告产生的原理图警告符号删除。

（1）打开系统放置警告符号的原理图。

（2）选中原理图中的警告符号。

（3）按 Delete 键删除警告符号。

（4）执行菜单命令 Place|Directives|No ERC，或者单击原理图工具栏中的 ✕ 按钮。

（5）十字光标会带着一个"No ERC"符号出现在工作区中。

（6）将"No ERC"符号放置到警告出现的位置，单击鼠标左键，完成"No ERC"符号的放置，如图3-32所示。

（7）单击鼠标右键取消"No ERC"符号的放置。

（8）再次对该原理图执行电气规则检查，这次警告在报告中就没有了。

	J?		
19	-MEMCS16	-SBHE	1
20	-IOCS16	SA23	2
21	IRQ10	SA22	3
22	IRQ11	SA21	4
23	IRQ12	SA20	5
24	IRQ15	SA19	6
25	IRQ14	SA18	7
26	-DACK0	SA17	8
27	DREQ0	-MEMR	9
28	-DACK5	-MEMW	10
29	DREQ5	SD8	11
30	-DACK6	SD9	12
31	DREQ6	SD10	13
32	-DACK7	SD11	14
33	DREQ7	SD12	15
34	+5V	SD13	16
35	-MASTER	SD14	17
36	GND	SD15	18

CON AT36B

图3-32　放置"No ERC"符号

二维码12　ERC 检查

3.4　PCB 布局指示符

Protel 99SE 允许在电路原理图设计中放置印制电路板设计规则符号，以事先指定布线（或网络）铜膜的宽度、过孔的直径、布线策略、布线的优先权及布线的层别等属性。如果用户在绘制电路原理图时对某些具有特殊要求的连线进行相应的印制电路板布线设置，那么在绘制印制电路板的时候，用户就不必再为这些具有特殊要求的连线进行布线设计规则设置了。

如果在绘制电路原理图时，设计者能灵活地运用印制电路板布线规则符号操作方法，那么在日后的印制电路板设计过程中，将会大大减少布线设计规则参数设置的个数，从而提高工作效率。

3.4.1　PCB 布局指示符属性

在 SCH 原理图文档中，执行菜单命令 Place|Directives|PCB Layout，或者单击"Wiring Tools"绘制电路原理图工具栏中的 图标，按 Tab 键，即可打开"PCB Layout"对话框，设置 PCB 布线规则符号属性，如图 3-33 所示。

对话框各选项的含义如下。

（1）"Track"文本框：用于设置布线时的铜膜宽度，单位为 Mil，默认为"10Mil"。

（2）"Via"文本框：用于设置该网络布线时所用到的过孔的直径，默认为"50Mil"。

（3）"Topology"下拉列表框：用于设置该网络布线时采用的最佳布线策略。该下拉列表框中有如下 7 个选项，默认为"Shortest"选项。

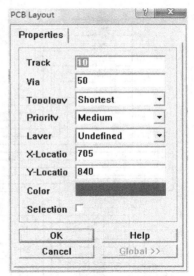

图 3-33　PCB 布线规则符号属性设置对话框

- "X-Bias"选项：偏向 X（水平）方向布线。
- "Y-Bias"选项：偏向 Y（垂直）方向布线。
- "Shortest"选项：尽量以最短路径布线。
- "Daisy Chain"选项：以菊花链方式布线。
- "Min Daisy Chain"选项：以小型菊花链方式布线。
- "Start/End Daisy Chain"选项：以起点和终点相接的菊花链方式布线。
- "Star Point"选项：星形放射状布线。

（4）"Priority"下拉列表框：用于设置网络的布线优先级。该下拉列表框中有 5 个选项，默认为"Medium"选项。

- "Highest"选项：最优先布线。
- "High"选项：优先布线。
- "Medium"选项：中等优先布线。
- "Low"选项：较后布线。
- "Lowest"选项：最后布线。

（5）"Layer"下拉列表框：用于设置布线所在的工作层面。该下拉列表框中有 22 个选项，下面对常用的几个选项进行介绍。

- "Undefined"选项：未定义，此项为默认设置。
- "Top Layer"选项：顶层。
- "Mid Layer1～14"选项：中间第1～14层。
- "Bottom Layer"选项：底层。
- "Multi-Layer"选项：多布线层。
- "Power Plane1～4"选项：电源布线平面1～4层。

（6）"X-Location"文本框：该文本框用来设置PCB布线符号的X轴坐标。

（7）"Y-Location"文本框：该文本框用来设置PCB布线符号的Y轴坐标。

（8）"Color"选项：该选项用来设置PCB布线符号的颜色。

3.4.2 放置 PCB 布局指示符

二维码13 隐藏网络标号

打开原理图文件，51单片机最小系统.ddb 文件如图3-34所示，完成放置PCB布线规则符号。

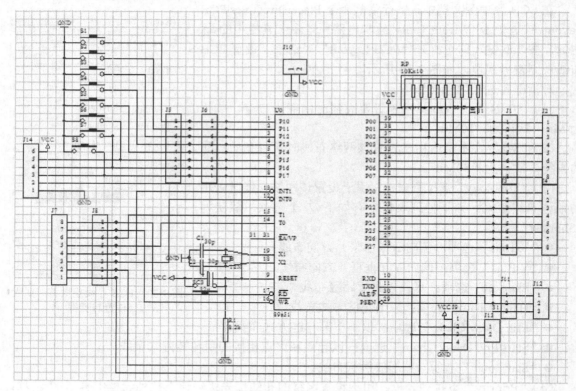

图3-34　51单片机最小系统

执行菜单命令 Place|Directives|PCB Layout，再按 Tab 键，在打开的对话框中设置PCB布线规则符号属性。移动十字光标至适当的位置，单击鼠标左键将PCB布线规则符号放置到目标网络上。执行菜单命令 Design|Create Netlist，打开"Create Netlist"对话框，在"Output Format"下拉列表框中选择"Protel 2"选项，生成网络表文件，检查放置PCB布线规则符号后的结果。执行菜单命令 Design|Update PCB，打开"Update Design"对话框，如图3-35所示。单击"Execute"按钮，执行更新PCB的命令，将电路原理图设计更新导入到PCB编辑器中。在PCB编辑器中，执行菜单命令 Design|Rules，打开如图3-36所示的"Design Rules"对话框，查看"Routing"选

项卡下 "Width Constraint" 选项区中的内容。

图 3-35 "Update Design" 对话框

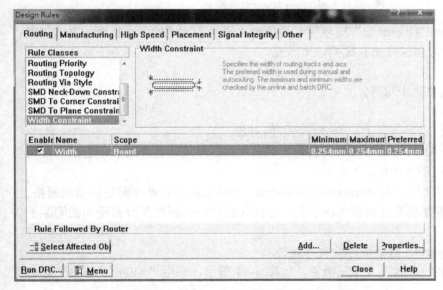
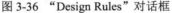

图 3-36 "Design Rules" 对话框

二维码 14　PCB 设计规则

3.5　原理图设计高级技巧

电路原理图的设计是一切工作的基础，因此设计者在进行电路原理图的绘制时一定要保证其准确无误，而且尽量做到图面清晰、可读性好。本节将介绍一些原理图设计技巧，熟练掌握这些技巧，可以大大提高原理图设计效率和质量。

3.5.1　排列和对齐

自动对齐排列功能的使用方法如下。在随意放置元器件后，选中这些需要排列的元器件，执行菜单命令 Edit|Align，然后在下拉列表中选择一种排列方式。

选择一种对齐排列方式后，元器件就会按照设定的对齐方式排列。

如果需要元器件在水平方向和垂直方向都进行均匀排列，则可以执行菜单命令 Edit|Align|Align，弹出"Align objects"对话框，如图 3-37 所示。

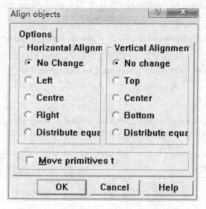

图 3-37　"Align objects"对话框

图 3-37 中"Horizontal Alignment"选项区包含控制水平对齐方式的各个选项，其含义是：
- No Change：水平方向保持原有排列，无改变。
- Left：靠左对齐。
- Centre：水平方向上居中对齐。
- Right：靠右对齐。
- Distribute equally：水平方向上均匀分布选取的对象。

图 3-37 中"Vertical Alignment"选项区包含控制垂直对齐方式的各个选项，它们的含义与"Horizontal Alignment"选项区类似。

图 3-37 所示对话框底部的"Move primitives to grid"选项表示将元器件调整移动到栅格上，选中该选项可以确保元器件被就近调整到栅格上，否则元器件会根据均匀分布操作的间距平均值准确地分布排列。

下面利用"Align objects"对话框进行对齐操作。

在原理图编辑环境中任意放置 5 个三极管，如图 3-38 所示，利用"Align objects"对话框进行对齐。

选取 5 个对象，执行菜单命令 Edit|Align|Align，弹出"Align objects"对话框，在"Horizontal Alignment"选项区中选中"Left"单选按钮，在"Vertical Alignment"选项区中选中"No Change"单选按钮，如图 3-39 所示。水平左对齐结果如图 3-40 所示。在"Horizontal Alignment"选项区中选中"Distribute equally"单选按钮，在"Vertical Alignment"选项区中选中"Top"单选按钮，水平均匀分布对齐且垂直顶部对齐结果如图 3-41 所示。

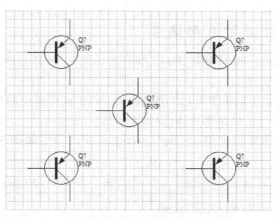

图 3-38　放置 5 个三极管

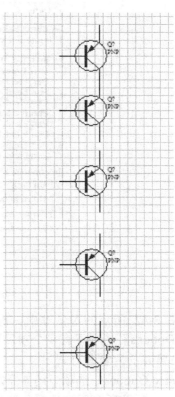

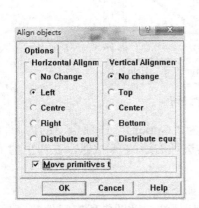

图 3-39　设置水平左对齐　　　　　　　　图 3-40　水平左对齐结果

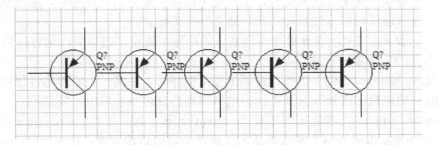

图 3-41　水平均匀分布对齐且垂直顶部对齐结果

3.5.2 对元器件进行自动编号

若电路原理图中的元器件编号有重复的，则会对后面的 PCB 设计工作造成很大的影响，甚至影响整个电路原理图的布线工作。

为了防止元器件编号重复，通常可以利用 Protel 99SE 软件提供的原理图自动标注功能将元件序号重新进行自动标注。下面介绍具体的操作方法。

用鼠标左键依次单击菜单栏中的 Tools|Annotate 按钮，弹出如图 3-42 所示的"注释修改"对话框。

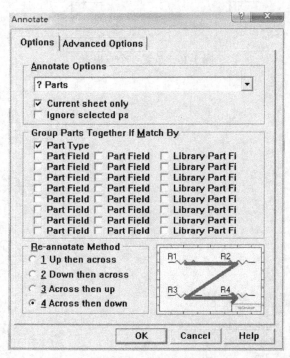

图 3-42 "注释修改"对话框

在如图 3-42 所示的对话框中，需要设置的选项为"Options"选项卡下的内容，其中的"Annotate Options"选项下有 4 个项目可供选择，单击选项右边的 ▼ 按钮，在弹出的下拉菜单中选择一个需要的内容即可。

"Annotate Options"选项下的 4 个项目表示的含义如下。

All Parts：标注所有元件选项，选择该选项，将重新标注原理图中所有元件的序号。

? Parts：只是标注尚未标注的元件，不过对于标注中重复的元件序号，则不修改。因此使用该选项并不能保证原理图标注全部正确，还必须手工检查。

Reset Designator：恢复所有元件序号为默认的序号，选中该选项后，电容将恢复为"C?"，电阻将恢复为"R?"等序号标注。

Update Sheet Number Only：仅修改原理图图纸的序号。在某一个原理图设计项目中不能出现两个相同编号的原理图图纸，否则在执行电气规则检查时将显示出错信息。

在"Annotate Options"选项下方还有"Current sheet only"和"Ignore selected pa"两个复选框。选中"Current sheet only"复选框后为仅标注当前原理图文件；选中"Ignore selected pa"

复选框则标注整个项目中的所有原理图。

"Group Parts Together If Match By"选项组为原理图中的各种元件选择选项，在该选项组中可以选择需要处理的电路原理图中的内容（如元器件、导线、节点等）。

"Re-annotate Method"选项组中的 4 个选项为自动标注方向选择复选框，分别如下。

Up then across：自动标注的顺序为自下而上，由左至右；

Down then across：自动标注的顺序为自上而下，由左至右；

Across then up：自动标注的顺序为由左至右，从下到上；

Across then down：自动标注的顺序为由左至右，从上到下。

选择上述 4 个复选框后，右面的预览框中将出现相应的方向示意图，如图 3-43 所示。

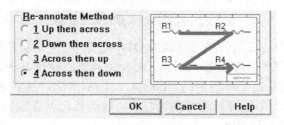

图 3-43　元件标注方向示意图

选择"Annotate Options"选项下的"All Parts"选项，并在"Re-annotate Method"选项组下选择一个选项，然后单击"OK"按钮，系统就自动将原理图中原有的标注更改，并自动将原理图原有标注与自动标注的结果对照保存到后缀名为"REP"的文件中，如图 3-44 所示。

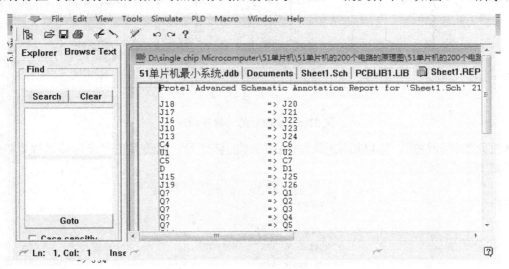

图 3-44　原理图原有标注与自动标注的结果对照

3.5.3　对象的整体编辑

整体编辑也称为批量修改，是一次性更改元器件的属性等相关信息。批量修改是提高绘图速度最有效的方法之一。

下面以如图 3-45 所示的元器件标注为例，介绍批量修改标注的操作方法。

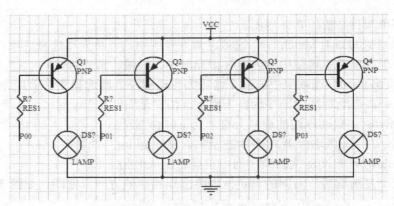

图 3-45　批量修改元器件标注实例

假如需要将图 3-45 中的三极管序号修改为 Q1-?（?为 1～4 的自然数），序号为从左到右排列；灯泡的类型标注由"DS"修改为"L"。下面介绍具体的操作方法。

首先用鼠标左键依次单击菜单栏中的 Tools|Annotate 按钮，然后在出现的"元件标注方向选择"对话框（见图 3-43）中选择标注方向为左右，随后就可以看到如图 3-45 所示的元器件标注已经自动添加了，如图 3-46 所示。

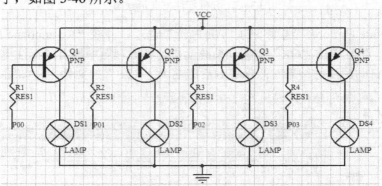

图 3-46　修改后的元器件标注

修改元器件标注后，可以用鼠标双击电阻 R1 的标注号，就会弹出"元器件属性"对话框，如图 3-47 所示。

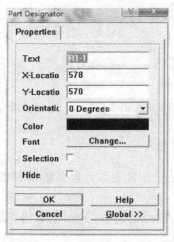

图 3-47　"元器件属性"对话框

然后用鼠标单击"元器件属性"对话框中的"Global>>"按钮，展开"元器件属性"对话框，这时"Global>>"按钮就会自动变成"<<Local"按钮，如图3-48所示。

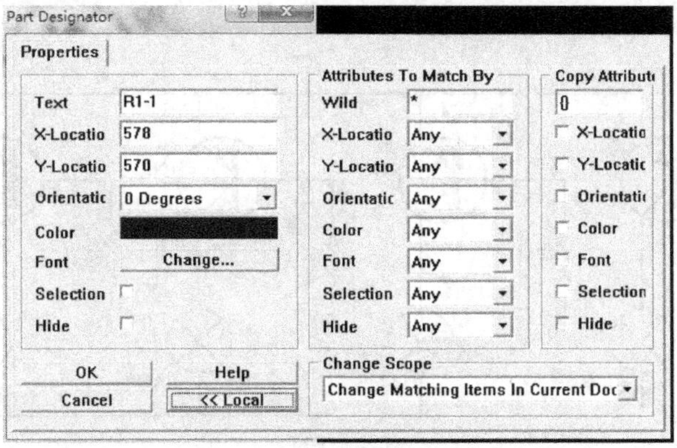

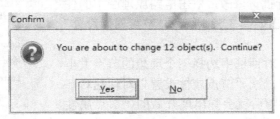

图3-48 展开后的"元器件属性"对话框

从如图3-48所示的对话框里可以看出，元器件属性有10个项目可以批量修改。在右边栏目对应的"Copy Attributes"区域的大括号里输入"R=R1-"（可以按实际需要输入）。

然后用鼠标单击"Change Scope"区域块的下拉箭头，这里有3个选择项目，依次为更改一个项目、更改当前项目及更改全部项目。原理图的批量修改多数使用更改当前项目，而Protel 99SE默认更改就是更改当前项目，所以该栏目下的内容一般不需要自行选择，采用默认设置即可。

最后用鼠标单击"OK"按钮确认，弹出如图3-49所示的"确认更改"对话框。

图3-49 "确认更改"对话框

这个对话框的内容是询问是否继续更改这些项目，单击"Yes"按钮确认。随后软件即会自动将元器件的标注序号按照设定值进行更改，如图3-50所示。

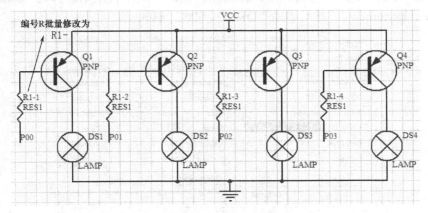

图3-50 更改后的元器件标注

灯泡类型标注由"DS"修改为"L"的具体操作方法与前面的介绍大致相同,只需在"Copy Attributes"区域块的大括号里输入"DS=L",然后单击"OK"按钮确认即可。修改后的示意图如图 3-51 所示。

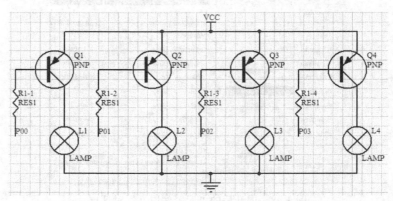

图 3-51　批量修改元器件的类型标注效果图

3.5.4　批量修改节点的属性

在修饰电路原理图时,通常要对全部的节点或者导线的大小、粗细、颜色进行调整,若一个一个地手工进行调整,浪费时间不说,也容易漏掉一些。此时,可以使用 Protel 99SE 软件的批量修改功能进行批量修改。双击电路原理图中的任意一个节点,随后就会弹出如图 3-52 所示的"节点属性设置"对话框。

在"节点属性设置"对话框中选择一个理想的节点大小(比如 Smallest),再单击一次"节点属性设置"对话框右下角的"Global>>"按钮,随后就会弹出展开后的"节点属性修改"对话框,如图 3-53 所示。

在批量修改对话框中,将"Size"选项后面的下拉菜单选择为"Same",并将该对话框右面的"Copy Attribute"项

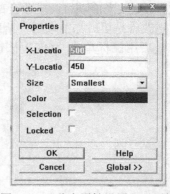

图 3-52　"节点属性设置"对话框

目组下的"Size"复选框选中,再将"Change Scope"选项下的下拉菜单选择为"Change Matching Items In Current Document",然后单击"OK"按钮进行确认。

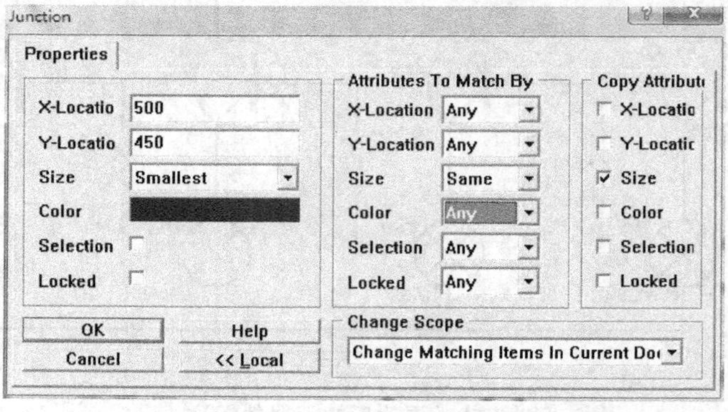

图 3-53　展开后的"节点属性修改"对话框

如果需要批量修改其他参数，如颜色、是否锁定等，则只需将相应的下拉菜单选择为"Same"，并将"Copy Attribute"项目组下的相应复选框选中即可。

如果将"Change Scope"选项下的下拉菜单选择为"Change This Item Only"，则仅修改该节点；若将"Change Scope"选项下的下拉菜单选择为"Change Matching Items In Current Document"，则会对该设计数据库中的所有电路原理图中同样的对象进行批量修改。随后，系统就会弹出如图 3-54 所示的"修改确认"对话框。

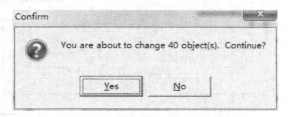

图 3-54　"修改确认"对话框

单击"Yes"按钮，系统就会将该电路原理图中尺寸相同的节点进行批量修改，如图 3-55 所示。

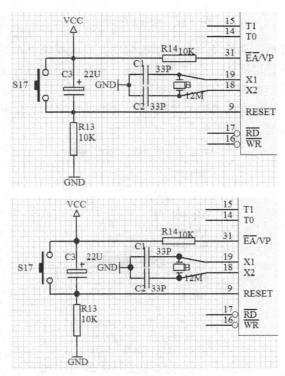

图 3-55　对节点进行批量修改前后的对照效果图

3.5.5　在原理图中添加文字标注/文本框

1．在原理图中添加文字标注

在绘制电路原理图时通常需要在电路图上标注一些文字说明，下面介绍在原理图中加入说明文字的操作方法。

用鼠标左键单击绘图工具条中的 **T** 按钮，然后将光标移至工作区中，此时就会发现鼠标指针上方有一个"十"字形光标，光标的右上方有一个虚线框，将鼠标光标移到需要添加文字的地方，单击鼠标左键即可放置一个说明文字段，如图 3-56 所示。

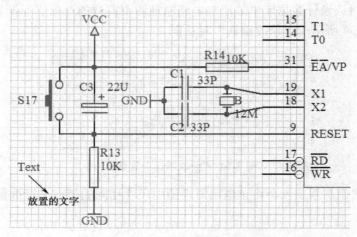

图 3-56　放置的说明文字

放置一个说明文字段后，系统依旧处于添加说明文字段状态，此时移动光标并单击鼠标左键，就会在光标所在的位置再添加一个说明文字段。只有按下键盘左上角的 Esc 键或者在空白处单击鼠标右键，才能退出说明文字段添加状态。

在默认情况下，输入的文本框内容为"Text"，双击该文字，就会出现如图 3-57 所示的"说明文字段属性设置"对话框。

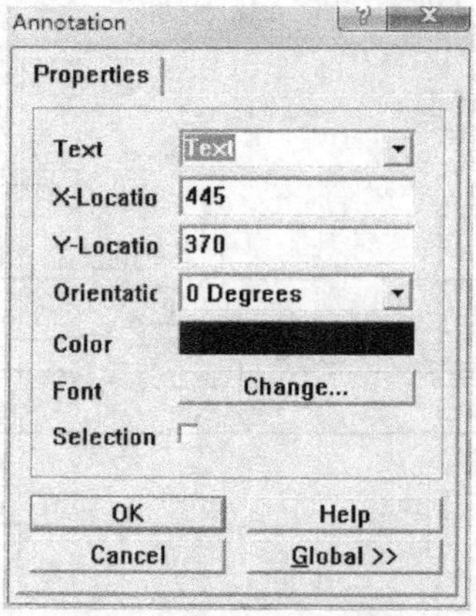

图 3-57　"说明文字段属性设置"对话框

将"Text"项目下的文本内容由默认的"Text"修改为需要的文字，然后单击"OK"按钮即可将文字输入到预定的位置，如图 3-58 所示。

单击如图 3-57 所示对话框中"Font"选项下的"Change"按钮，就会弹出如图 3-59 所示的"字体"对话框。

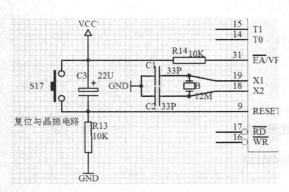

图 3-58　预定位置输入的文字

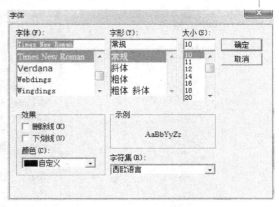

图 3-59　"字体"对话框

2．在原理图中添加文本框

有时候，设计者需要在电路原理图中输入一些文字对电路原理图进行简单的规格说明或者简单地介绍其工作原理，此时就需要在电路原理图中添加一个文本框来输入这些文字。

用鼠标左键单击绘图工具条中的圖按钮，然后将光标移至工作区中，此时就会发现鼠标指针上方有一个"十"字形光标，光标的右下方有一个虚线框。将鼠标光标移到需要添加文本框的地方，单击鼠标左键即可确定文本框的一个顶点，然后拖动鼠标，直到虚线框的大小符合文本框的大小为止，在文本框的终点单击鼠标左键，即可放置一个文本框，如图 3-60 所示。

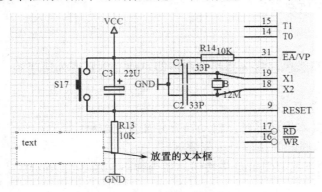

图 3-60　放置的文本框

放置一个文本框后，系统依旧处于添加文本框状态，此时移动光标并单击鼠标左键，就会在光标所在的位置再添加一个文本框。只有按下键盘左上角的 Esc 键或者在空白处单击鼠标右键，才能退出文本框添加状态。

在默认情况下，输入的文本框内容为"Text"，双击该文字，就会出现如图 3-61 所示的"文本框属性设置"对话框。

"文本框属性设置"对话框中各项目的设置内容如下。

Text：文本内容设置项；

X1-Location：文本框上端 X 轴坐标；

Y1-Location：文本框上端 Y 轴坐标；

X2-Location：文本框下端 X 轴坐标；

Y2-Location：文本框下端 Y 轴坐标；

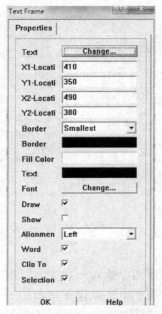

图 3-61 "文本框属性设置"对话框

Border：文本框边界宽度设置；

Border：文本框边界颜色；

Fill Color：文本框填充颜色；

Text：文本颜色；

Font：文本字体；

Draw：使框内填充颜色，将选择状态取消即可使文本框变为透明的；

Show：显示边框；

Alignment：对齐方式选择；

Word：文字超过文本框边界时，自动换行并加宽文本框；

Clip To：文本框四周强制预留一个间隔区。

单击"Text"选项下的"Change"按钮，就会弹出如图 3-62 所示的"文本框内容输入"对话框。

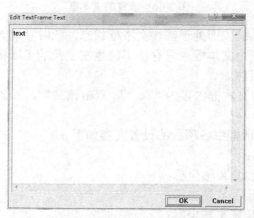

图 3-62 "文本框内容输入"对话框

在"文本框内容输入"对话框中输入需要的文字后，单击"OK"按钮即可将文字内容输入到文本框中，如图 3-63 所示。

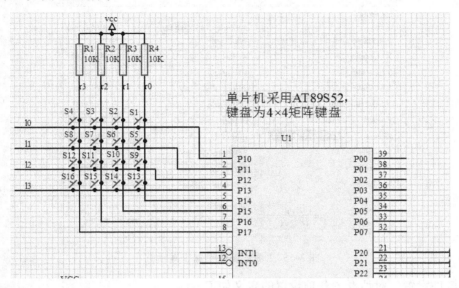

图 3-63　文本框中的文本内容

3.5.6　在电路原理图中插入图片

在绘制电路原理图工作中，通常需要将一些实物图片或者公司标志图片插入到电路原理图中，在电路原理图中插入图片的操作方法如下。

用鼠标左键单击绘图工具条中的 ▣ 按钮，随后就会出现"文件查找"对话框。在"文件查找"对话框"查找范围"栏中指定图片所在的文件夹，在"文件类型"栏中指定图片的格式，然后在文件列表中选定相应的图像文件名，最后单击"打开"按钮，即可使鼠标指针上方出现一个"十"字光标，光标的右下方有一个虚线框。将鼠标光标移到需要插入图片的地方，单击鼠标左键即可确定图片的一个顶点，然后拖动鼠标，直到虚线框的大小符合图片的大小为止，在图片的终点单击鼠标左键，即可将图片插入到指定位置，如图 3-64 所示。插入图片后，系统会返回到"文件查找"对话框，进入下一次操作状态，只有按下键盘左上角的 Esc 键或者在空白处单击鼠标右键，才能退出图片插入状态。

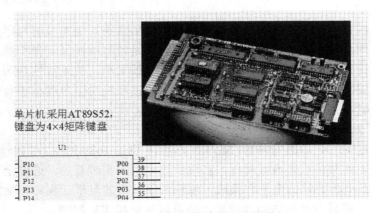

图 3-64　插入图片后的原理图

如果直接双击已插入的图片，就可以打开如图 3-65 所示的"图片属性设置"对话框。

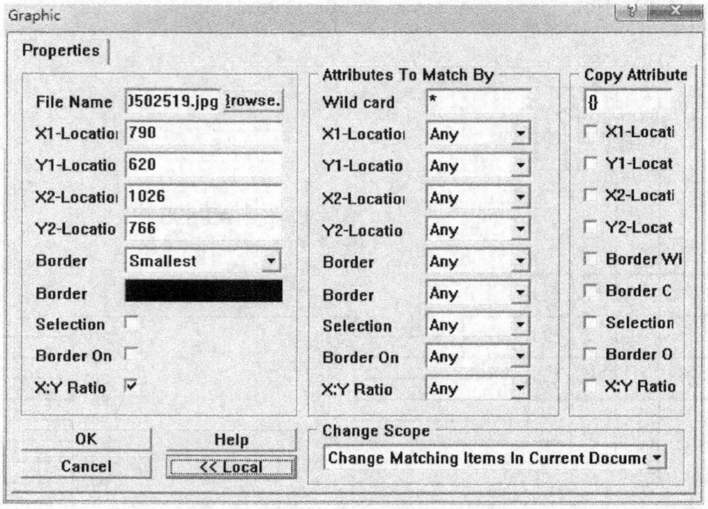

图 3-65 "图片属性设置"对话框

"图片属性设置"对话框中各项设置的含义如下。

File Name：图片的文件名及所在的路径；

X1- location、Y1-Location：矩形图片框的左下角坐标；

X2- location、Y2-Location：矩形图片框的右下角坐标；

Border Width：图片边框宽度；

Border Color：图片边框颜色；

Selection：切换选取状态；

Border On：设置显示边框；

X：Y Ratio 1：1（保持 X 轴与 Y 轴比例）。

直接单击插入的图片，可使其进入选择状态，此时就可以拖动图片来调整其位置。在选择状态下，可以用鼠标拖动 4 个边的中心点，即可调整图片的大小。

3.6　原理图设计案例

精密和大型机械自动化设备的系统中姿态测量常常用到绝对值角度编码器，其输出有时需要连接到多个不同的独立测控系统，接口共享方式往往是较难解决又不得不解决的问题。基于 SSI 接口的线位移传感器具有精度高、传输速度快、接线简单、抗干扰性强等优点，针对 SSI 接口的绝对值角度编码器，可以采用一种伴随读出方式读取绝对值角度编码器值的方法，实现信号的串行 SSI 读取。

如图 3-66 所示为 SSI 编码系统电路原理图。

通过步进电机定制的绝对值编码器，编码器采用 14 位的 16392PPR，编码器输出信号为 SSI 格式，步进电机的驱动器将对其进行解析，实现步进电机的实时监控。通过全双工的转换芯片 MAX491 将符合 RS-485 协议的电平转换成可以输入单片机的电平。再将转换好的电平输入到单片机 MC9S12 中，将显示电机的当前位置，还可以对电机实施控制。

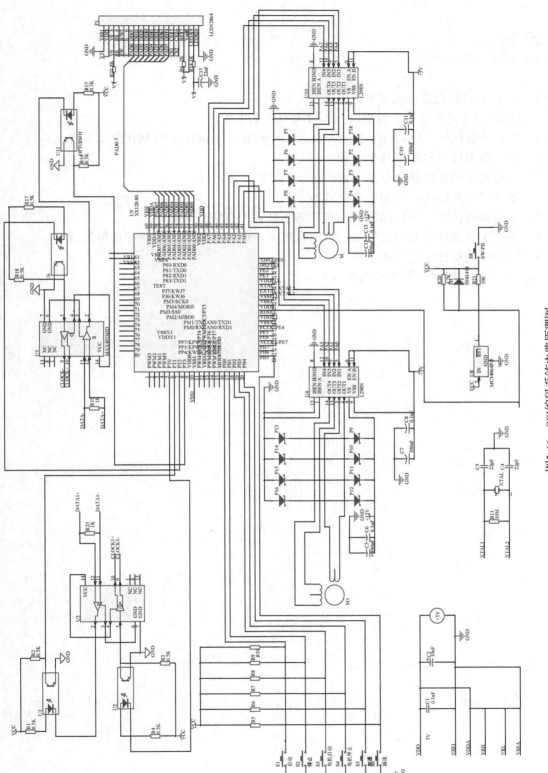

图3-66 SSI编码系统电路原理图

习题

1．PCB 中如何设置布线规则？

2．DRC 的含义是什么？对电路板设计有什么帮助？

3．在元件属性中，Lib Ref、Footprint、Designator、PartType 分别代表什么含义？

4．电气规则检查包括哪几个步骤？

5．试简要说明如何移动单个元器件。

6．如何对元器件进行复制以及旋转？

7．电路原理图中元器件的连接方式有哪些？它们有何不同？

8．造成电气规则检查出现错误的原因有很多，一般来说，主要有哪几种原因？

9．元器件的属性主要包括哪些内容？

10．如何在电路原理图中插入图片？

第 4 章

常用报表的生成

本章知识点：

● Protel 99SE 中创建元器件报表清单
● Protel 99SE 中生成网络表的方法
● 生成元器件自动编号报表文件
● 生成元器件引脚列表的方法

基本要求：

● 掌握 Protel 99SE 中元器件报表清单的创建方法
● 掌握 Protel 99SE 中网络表的生成方法
● 掌握 Protel 99SE 中元器件自动编号报表文件的生成方法

能力培养目标：

通过本章的学习，了解 Protel 99SE 中常用报表的生成方法，熟悉原理图设计中报表的作用，为进行原理图的完整化设计及电路制板奠定基础，提高对 Protel 99SE 软件的操作能力。

在原理图设计完成之后，应当生成一些必要的报表文件，以便更好地进行下一步的设计工作，比如生成元器件报表清单，以方便采购元器件和准备元器件封装，生成网络表文件，为 PCB 电路板设计做准备等。如果原理图设计更改了，则还应当输出元器件自动编号的报表文件。

4.1　创建元器件报表清单

当原理图设计完成后，接下来就要进行元器件的采购，只有元器件完全采购到位后，才能开始进行 PCB 电路板的设计。采购元器件时必须要有一个元器件清单，对于比较大的设计项目来说，其元器件种类很多、数目庞大，同一类元件的封装形式可能还会有所不同，单靠人工很难将设计项目所要用到的元器件信息统计准确。不过，利用 Protel 99SE 提供的工具就可以轻松地完成这一工作。

下面介绍如何利用系统提供的工具生成元器件报表清单。

（1）打开"4×4 矩阵键盘.Sch"原理图设计文件。

（2）选取菜单命令 Report|Bill of Material。

（3）执行完该命令后，打开"BOM Wizard"对话框，如图 4-1 所示。选中"Sheet"单选按钮，为当前打开的原理图设计文件生成元器件报表清单。

（4）单击"Next"按钮打开如图 4-2 所示的对话框，在该对话框中可以设置元器件报表中所包含的内容。选中复选框中的"Foot Print"和"Description"选项，如图 4-2 所示。

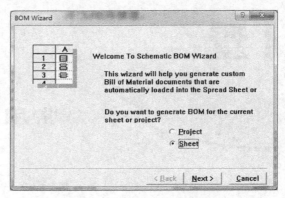

图 4-1 "BOM Wizard"对话框

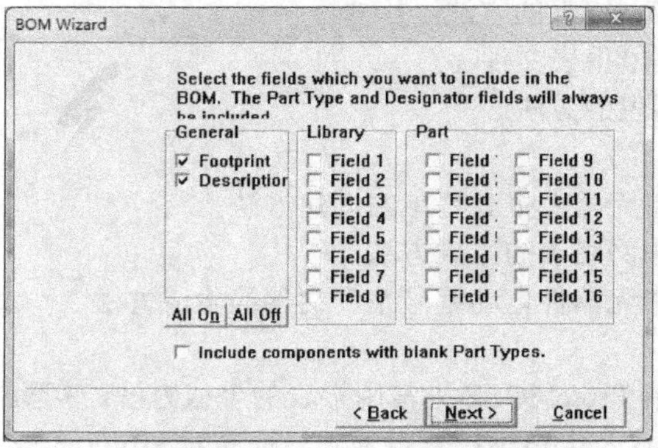

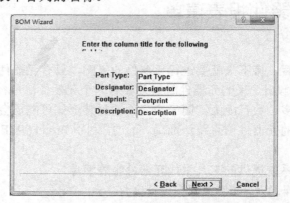

图 4-2 设置元器件报表中的内容

在该对话框中，无论设计者选中什么选项，元器件的类型"Part Type"和元器件的序号"Designator"都会被包括在元器件报表清单中。

（5）设置完元器件报表中的内容后单击"Next"按钮，打开如图 4-3 所示的对话框，在该对话框中定义元器件报表中各列的名称。

图 4-3 定义元器件报表中各列的名称

（6）设置完成后单击"Next"按钮，打开如图 4-4 所示的对话框。在该对话框中可以选择元器件报表文件的存储类型。

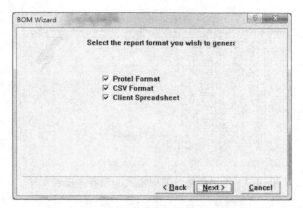

图 4-4 选择元器件报表文件的存储类型

在该对话框中，Protel 99SE 提供了 3 种元器件报表文件的存储格式。

Protel Format：Protel 格式，文件后缀名为"*.bom"。

CSV Format：电子表格可调用格式，文件后缀名为"*.csv"。

Client Spreadsheet：Protel 99SE 的表格格式，文件后缀名为"*.xls"。

（7）选择完文件类型后单击"Next"按钮，打开如图 4-5 所示的对话框。

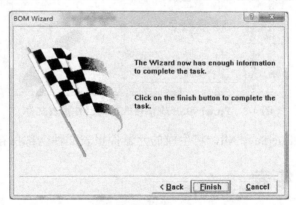

图 4-5 产生元器件报表对话框

（8）单击"Finish"按钮，系统将会自动生成 3 种类型的元器件报表文件，并自动进入表格编辑器。3 种元器件报表文件分别如图 4-6～图 4-8 所示，它们的文件名与原理图设计文件名相同，后缀名为"*.bom"、"*.csv"、"*.xls"。

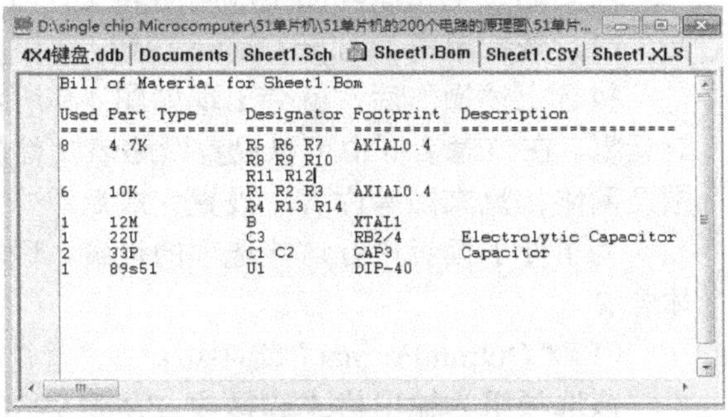

图 4-6 Protel 格式的元器件报表文件

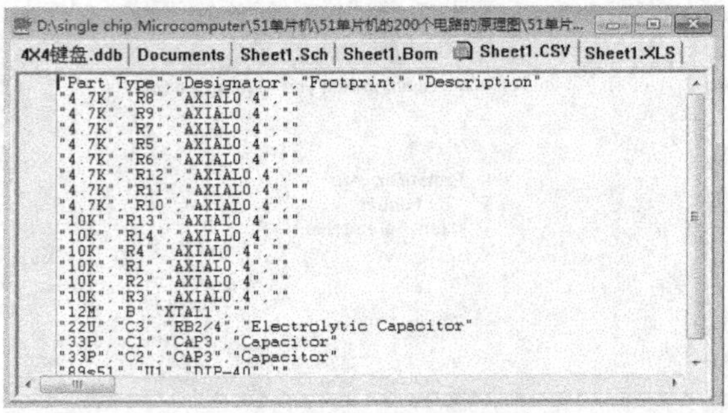

图 4-7　电子表格可调用格式的元器件报表文件

	A	B	C	D
1	Part Type	Designator	Footprint	Description
2	4.7K	R8	AXIAL0.4	
3	4.7K	R9	AXIAL0.4	
4	4.7K	R7	AXIAL0.4	
5	4.7K	R5	AXIAL0.4	
6	4.7K	R6	AXIAL0.4	
7	4.7K	R12	AXIAL0.4	
8	4.7K	R11	AXIAL0.4	
9	4.7K	R10	AXIAL0.4	
10	10K	R13	AXIAL0.4	
11	10K	R14	AXIAL0.4	
12	10K	R4	AXIAL0.4	
13	10K	R1	AXIAL0.4	
14	10K	R2	AXIAL0.4	
15	10K	R3	AXIAL0.4	
16	12M	B	XTAL1	
17	22U	C3	RB2/4	Electrolytic Capacitor
18	33P	C1	CAP3	Capacitor
19	33P	C2	CAP3	Capacitor
20	89s51	U1	DIP-40	

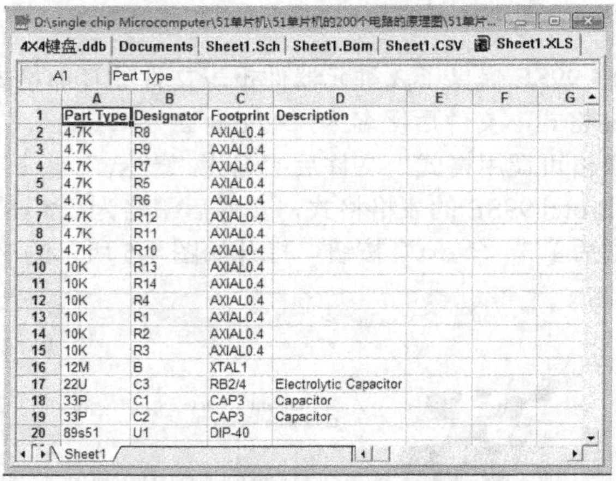

图 4-8　Protel 99SE 表格格式的元器件报表文件

（9）执行菜单命令 File|Save All，将生成的元器件报表文件全部保存。

4.2　生成网络表

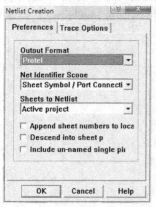

在 Protel 99SE 中，网络表文件是连接原理图和 PCB 设计的桥梁和纽带，是 PCB 自动布线的根据。在 PCB 编辑器中，当同步载入元器件出错时，利用网络表文件可以快速进行查错。

图 4-9　“网络表文件生成”对话框

需要通过电路原理图生成网络表文件时，只需在打开电路原理图文件时，依次单击 Design|Create 按钮。

执行上述操作后，就会出现如图 4-9 所示的“网络表文件生成”对话框。在该对话框中可以设置网络表文件的输出格式、网络识别范围及网络信息来源等内容，设置完成后单击“OK”按钮进行确认。

为了便于读者进行这些选项的设置，下面介绍一下这些选项的具体含义。

（1）“Output Format”选项组。

该选项组为输出格式选择项。Protel 99SE 支持的网络表输出格式有 Protel、Protel2、Protel（Hierarhical）、Esof（Libra）、Esof

（Touchstone）、Edif2.0、Orcad PCB、PADS 等 38 种格式。单击选项右边的 ▼ 按钮，在弹出的下拉菜单中可以选择一个需要的输出格式。

（2）"Net Identifier Scope" 选项组。

该选项组为网络识别器范围选项，用来设置网络标号和 I/O 端口在整个设计项目中的作用。该选项组有三个选项可供选择，单击选项右边的 ▼ 按钮，在弹出的下拉菜单中可以选择一个需要的网络识别器范围，各选项的含义如下。

Net Label And Ports Global：网络标号和 I/O 端口在整个设计项目中的所有电路原理图中均有效；

Only Ports Global：只有 I/O 端口在整个设计项目中的所有电路原理图中有效；

Sheet Symbol/Port Connection：方块电路与 I/O 端口相连，该选项只应用在层次原理图中。

（3）"Sheets to Netlist" 选项组。

该选项组为生成网络表文件的原理图来源，可以是当前原理图，也可以设定为整个电路板项目或者是当前原理图及其子原理图。该选项组有三个选项可供选择，单击选项右边的 ▼ 按钮，在弹出的下拉菜单中可选择一个需要的生成网络表文件的原理图来源，各选项的含义如下。

Active sheet：当前打开的电路原理图；

Active project：当前打开的设计项目；

Active sheet plus sub sheet：当前打开的总图及其下层的功能原理图，用于层次原理图。

（4）"Append sheet numbers to local"：该复选框的含义为将原理图编号与网络名称合并，只是针对层次原理图。

（5）"Descend into sheet part"：细分到单张电路原理图，该选项对于单张电路原理图无意义，只是针对层次原理图。

（6）"Include un-named single pin"：网络表内容包括没有命名的单个引脚。

单击 "Trace Options" 选项卡，即可进入 "网络表文件跟踪选项" 对话框，如图 4-10 所示。

若选中该对话框中的 "Enable Trace" 复选框，则自动将跟踪结果形成后缀名为 ".tng" 的跟踪文件。"Trace Options" 下的选项为跟踪条件选项，选择一个需要的选项即可。

通常不用对 "网络表文件跟踪选项" 对话框进行任何设置。

将以上各种选项设置完成后，单击 "OK" 按钮进行确认，随后系统就会自动生成与电路原理图名称相同的网络表文件（后缀名为 ".net"），工作窗口也将自动切换到文本编辑器窗口，生成的网络表文件将显示在工作窗口中，如图 4-11 所示。

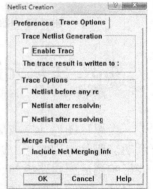

图 4-10　"网络表文件跟踪选项" 对话框

图 4-12 所示是一个 "单片机按键电路" 层次原理图生成的网络表文件内容。

在文本编辑器窗口中可以对生成的网络表文件进行检查和修改，在通常情况下，不用进行任何改动即可正常使用。

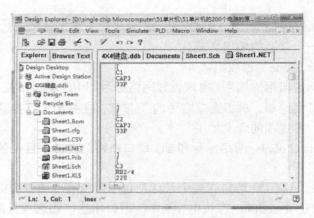

图 4-11　生成网络表文件后的工作窗口

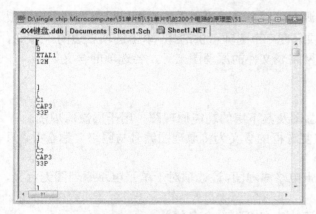

图 4-12　网络表文件内容

二维码 15　网络表生成过程中的常见错误

4.3　生成元器件自动编号报表文件

当原理图设计完成后，由于设计的原因需要对原理图进行修改，结果会将电路中的某些冗余功能删除，同时相应的元器件也会被删除，从而导致电路图中元器件的编号不连续，并有可能影响到后面电路板的装配和调试工作。这种情况在原理图设计的初期经常发生，当出现这种情况时，通常需要对原理图设计进行重新编号。

利用系统提供的元器件自动编号功能对整个原理图设计中的元器件进行重新编号既省时又省力，尤其适用于元器件数目众多的电路设计。在对原理图设计文件进行自动编号的同时，系统将会生成元器件自动编号报表文件。

（1）打开"4×4 矩阵键盘电路.Sch"原理图设计文件。

（2）执行菜单命令 Tools|Annotate，打开"元器件自动编号设置"对话框，如图 4-13 所示。

（3）单击"Annotate Options"区域中文本框后的 ▾ 按钮，选择"Reset Designation"选项，复位原理图设计中所有元器件的编号，系统将会把原理图设计中所有元器件的编号复位为"*.?"。

（4）再次执行菜单命令 Tools|Annotate，打开元器件自动编号设置对话框，并对元器件自动编号的选项进行设置。

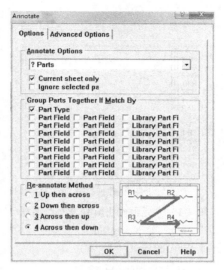

图 4-13 "元器件自动编号设置"对话框

（5）单击"OK"按钮执行元器件自动编号操作，生成元器件自动编号报表文件，并打开自动编号文本编辑器，如图 4-14 所示。

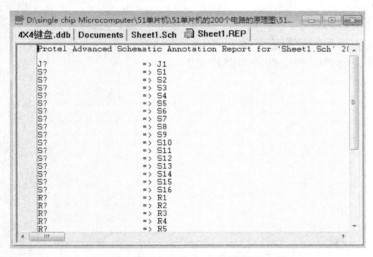

图 4-14 元器件自动编号报表文件　　　　　　　二维码 16　原理图元件统一编号

4.4 生成元器件引脚列表

元器件引脚列表的主要作用是为设计人员对元器件的引脚号、名称的查询提供方便。生成元器件引脚列表的具体方法如下。

先用鼠标左键依次单击菜单栏中的 Edit|Select|All 按钮，将需要生成元器件引脚列表的元器件全部选中后，再用鼠标左键依次单击 Reports|Selected Pins 按钮。

随后，就会弹出如图 4-15 所示的"元器件引脚列表"对话框，可以查看元器件引脚列表。

图 4-15 "元器件引脚列表"对话框

习题

1. 简要说明生成元器件引脚列表的具体方法。
2. 试简述网络表的作用及组成。
3. 如何生成元器件自动编号报表文件？
4. 如何利用系统提供的工具生成元器件报表清单？
5. Protel 99SE 提供了哪几种元器件报表文件的存储格式？

第 5 章

元件库的建立

本章知识点：
- Protel 99SE 中创建元件库的步骤
- 创建元件的常用工具
- 制作新元件的方法

基本要求：
- 掌握 Protel 99SE 中元件库的功能
- 掌握 Protel 99SE 中新建元件库的方法
- 掌握 Protel 99SE 中元件库编辑的常用工具与编辑方法

能力培养目标：

通过本章的学习，了解 Protel 99SE 中元件库的作用，熟悉创建自定义元件库的方法，掌握制作新元件的过程及编辑工具。

虽然 Protel 99SE 中提供了超过 16000 种元器件，并且有 ANSI（美国国家标准学会）、DEMORGAN、IEEE（电子和电气工程学会）3 种模式的丰富元件库，但随着科学技术的发展，新型元件的不断产生，Protel 99SE 内置的元件库就有可能不够用了，且在实际应用中，有些元件需要经常使用，可是频繁地进出那些元件库寻找所需的元件实在是太麻烦了。因此，针对这些问题，可以自己建立一个元件库，把 Protel 99SE 内置元件库中没有的，或者要经常使用的元件放入其中，从而使 Protel 99SE 应用起来更加得心应手。

5.1 创建一个新的设计数据库

要建立一个新的元件库，首先要在 Protel 99SE 中建立一个以 ".ddb" 为后缀名的数据库。创建新的数据库可以按照以下步骤进行。

依次单击 "Design Explorer" 标题下菜单栏中的 File|New 按钮，新建一个数据库。

在随后弹出的对话框中选择一个数据库名并指定保存路径，将以上自定义选项设置完毕后，单击 "OK" 按钮即可，如图 5-1 所示。其中的 "Browse" 按钮是浏览按钮，单击它可以选择一个保存路径。

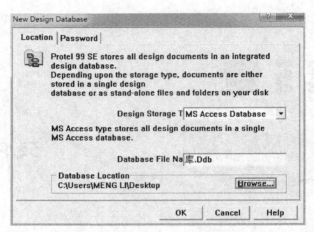

图 5-1   "新建数据库自定义选项"对话框

将以上自定义选项设置完毕后,单击"OK"按钮,就会完成设计数据库文件的创建工作。此时,Protel 99SE 的工作界面就会是一个新的"模样",如图 5-2 所示。

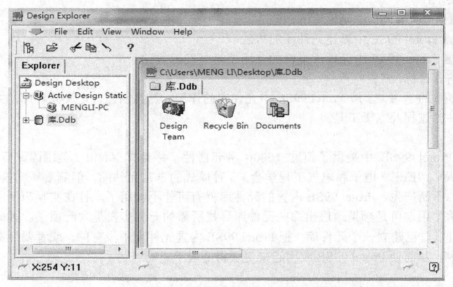

图 5-2   数据库开启工作界面

此后就可以进行元件库的第一个子元件库的建立了。为了方便,可以在这个"库"中建立阻容元器件、晶体管、集成电路等子元件库,以便日后寻找。

二维码 17   元件封装

5.2   启动元件库编辑器

虽然在前面的工作中已经建立了一个设计数据库,不过还要先启动元件库编辑器,然后才能创建新的元件库。在打开设计数据库的前提下用鼠标左键依次单击"Design Explorer"标题下菜单栏中的 File|New 按钮。

在随后出现的如图 5-3 所示的"New Document"对话框中双击 图标,即可创建一个新的元件库文件。先单击 图标，然后单击"OK"按钮，也可以创建一个新的元件库。默认的元件库名为"Schlib1.Lib"。若想为元件库"Schlib1"改名，则只需在其图标上单击鼠标右键，然后执行"Rename"命令即可。

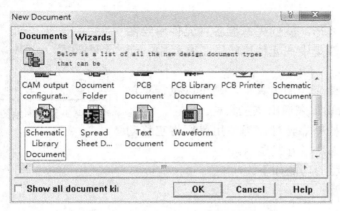

图 5-3 "New Document"对话框

然后在出现的工作窗口中双击"Schlib1"的元件库名图标即可打开元件库编辑器，如图 5-4 所示。

二维码 18 元件库

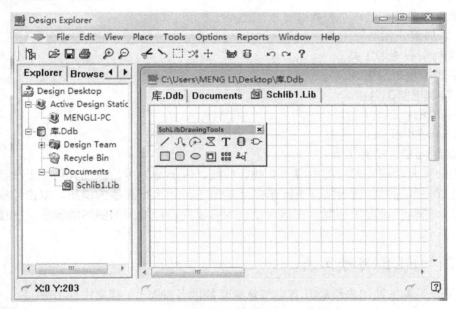

图 5-4 元件库编辑器

单击元件库编辑器界面中"设计管理器"下的"Explorer"和"Browse Sch"按钮，即可在"项目管理器"、"设计浏览器"之间进行切换。

5.3 编辑元件库的常用工具

在编辑元件库时，需要用到各种工具来完成元器件外形及引脚、注释文字的制作，所以要制作出标准的元件库，首先要了解各种工具的使用方法。在制作元件库中的元器件时，通常只需绘图工具和 IEEE 符号工具即可满足要求，故下面只介绍这两种工具的使用方法。

5.3.1　绘图工具

要想绘制出理想的元器件外形，就要先掌握各种元件库绘图工具的作用。元件库绘图工具都集中在元件库绘图工具栏中。元件库绘图工具栏如图 5-5 所示。

若工作界面上没有出现元件库绘图工具栏，则可以执行菜单命令 View|Toolbars|Drawing Toolbar 来调出该工具栏。

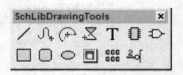

图 5-5　元件库绘图工具栏

元件库绘图工具栏具有边框停靠特性，当使用鼠标将它移动到主窗口边框时，它将自动按工具栏方式显示。

元件库绘图工具栏中各按钮的功能如下。

／：绘制直线工具；

∿：绘制曲线工具；

☊：绘制圆弧工具；

☒：绘制多边形工具；

T：放置文字工具；

⚟：画新元器件工具；

⊐：添加部分元器件工具；

▢：绘制实心矩形工具；

▢：绘制圆角矩形工具；

◯：绘制椭圆工具；

▣：粘贴图片工具；

▦：阵列粘贴工具；

✎：绘制元器件引脚工具。

用相应的工具绘制完相应的内容（直线、曲线、矩形等）后，该工具仍处于激活状态，只有在空白处双击鼠标右键或者按下 Esc 键后才能退出，并执行其他的操作。双击绘制的图形即可打开该图形的属性设置对话框。在该对话框中可设置已经绘制的图形的颜色、宽度及摆放角度等内容。

5.3.2　IEEE 符号工具

IEEE 符号工具主要用来绘制具有电气意义功能的各种符号，都集中在 IEEE 符号工具栏中。IEEE 符号工具栏如图 5-6 所示。

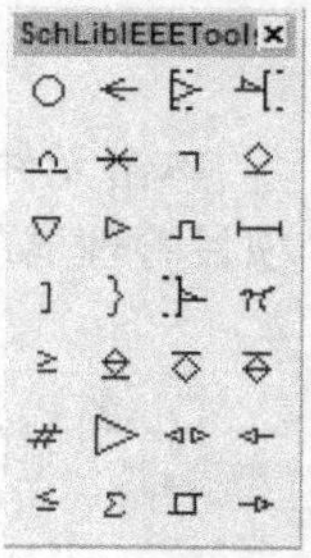

若工作界面上没有出现 IEEE 符号工具栏，则可以执行菜单命令 View|Toolbars|IEEE Toolbars 来调出该工具栏。

IEEE 符号工具栏具有边框停靠特性，当使用鼠标将它移动到主窗口边框时，它将自动按工具栏方式显示。

IEEE 符号工具栏中各按钮的功能如下。

◯：低电平输出符号，主要应用在负逻辑或低电平动作的电路中；

←：信号流向符号，通常用来说明信号传输的方向；

▷：正极触发时钟信号符号；

图 5-6　IEEE
符号工具栏

⊣[：低电平动作输入信号；

Ω：类比信号输入符号；

⋇：连接符号；

⅂：具有暂缓性输出的符号；

◇：信号输出符号（集电极开路）；

▽：高阻抗输出符号，通常用于三态门电路中；

▷：高输出电路符号，通常用于电流很大的电路中；

Л：脉冲输出符号；

⊢⊣：延时输出符号；

]：多条输入/输出（I/O）线组合符号，通常用来表示有多条输入与输出线；

}：二进制信号组合的符号；

⊩：低电平输出符号，与○符号表示的含义相同；

π：圆周率π的符号；

≧：大于或等于符号；

◇：高阻抗输出（集电极开路输出）符号；

◇：发射极开路输出符号，输出状态有高阻抗低态及低阻抗高态两种形式；

◇：发射极输出符号（内部有电阻接地），输出状态有高阻抗低态及低阻抗高态两种形式；

#：数字信号输入符号；

▷：反相器符号；

◁▷：双向信号（数据流）符号，通常用来表示该引脚具有输入/输出两种功能；

⊣−：数据向左移符号，通常应用在寄存器电路中；

≦：小于或等于符号；

Σ：加法符号，通常应用在寄存器电路中；

□：施密特触发输入符号；

⊸▷：数据向右移符号。

5.4 在元件库中制作新元器件

按照前面几节中介绍的方法启动元件库编辑器后，再单击编辑器界面中"设计管理器"下方 库.Ddb 中的 Schlib1.Lib 文件，如图 5-7 所示。

然后单击"设计管理器"中的"Browse Sch"按钮，进入如图 5-8 所示的元器件制作界面。

5.4.1 制作新元器件前的设置

虽然进入了元器件制作界面，不过由于在默认情况下，Protel 99SE 对一些参数没有进行设置，所以为了方便元器件的制作工作，还要先进行一番设置才行。

在如图 5-8 所示的电路原理图元件库编辑器中连续按工具栏上的放大键 将界面上的网格放大，以方便制作元器件。若没有网格显示，则需要在画图区空白处单击鼠标右键，在弹出的菜单中选择"Document Option"。

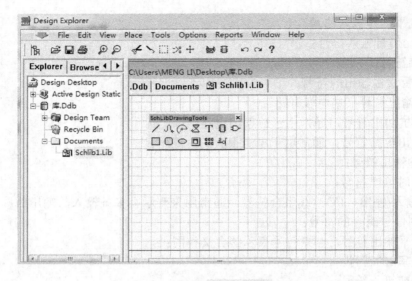

图 5-7　单击 Schlib1.Lib 文件

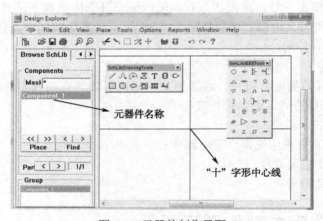

图 5-8　元器件制作界面

　　随后就会出现如图 5-9 所示的"编辑属性"对话框。在该对话框中选中"Grids"选项组下的"Visible"选项，即可将网格显示出来。

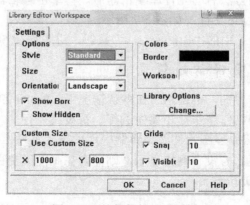

图 5-9　"编辑属性"对话框

若同时选中"Snap"选项，则为栅格锁定状态，即鼠标指针移动的单位以一格或半格为单位。若"Snap"后面的数字为"10"，则以一格为单位；若"Snap"后面的数字为"5"，则以半格为单位；若不选中"Snap"，则鼠标移动的单位不限，操作时可以根据实际选择。另外需要注意的是，一定要选中"Show Border"（显示边框）选项，否则不容易找准元器件中心。做好上述工作后就可以绘制各种元器件了。

5.4.2　绘制新元器件

电路原理图中的元器件主要由三部分组成，即元器件引脚、元器件图形及元器件属性。在绘制新元器件时，应分为三步才能将元器件的三部分内容制作出来。下面以一些常用元器件的制作为例，介绍制作新元器件的方法。

1．制作第一个二极管

按照前面介绍的方法打开 Schlib.Lib 文件，然后连续按工具栏上的放大键将界面上的网络放大到合适程度，并将工作区中的"十"字形中心线定位于屏幕的中心。

在通常情况下，绘制元器件时要先绘制元器件的图形：单击元件库绘图工具栏中的绘制直线按钮／，此时鼠标的光标就会变成"十"字形。

将光标移动到"十"字形中心线附近，在该"十"字形中心线左上角的第一个方格顶点按下鼠标左键，向下拖动鼠标，绘制出一条直线；当直线到达"十"字形中心线的左下角第一个方格顶点时，单击鼠标左键，再次拖动鼠标向右上方移动；当鼠标指针到达"十"字形中心线的右面第一个顶点时单击鼠标左键，然后再次拖动鼠标向左上方移动到线条的起始点并单击鼠标左键，即可绘制出一个以"十"字形中心线为中心的三角形，如图 5-10 所示。

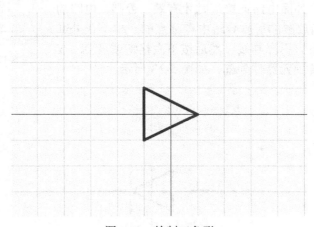

图 5-10　绘制三角形

将三角形绘制完成后，单击鼠标右键，将光标移动到"十"字形中心线右上角的第一个方格顶点，单击鼠标左键，然后向下拖动鼠标，绘制出一条直线作为二极管的负极标志，如图 5-11所示。

如果对绘制的三角形线条外形不满意，则可以双击该线条，然后在弹出的如图 5-12 所示的对话框中改变线条的属性，直至满意为止。

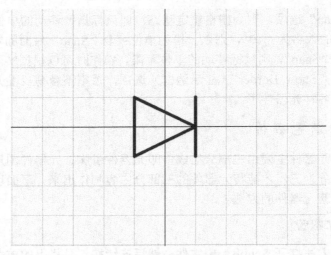

图 5-11 绘制直线

此时，二极管的图形部分即制作完成，下面就可以绘制二极管的引脚部分了。

单击元件库绘图工具栏中的绘制元器件引脚按钮 ᠀⊿，此时鼠标光标就会变成"十"字形，并附有一个一端具有圆点的引脚导线。

图 5-12 "线条属性"对话框

将引脚导线拖到需要的位置，单击鼠标左键即可将其放置到需要的位置。需要注意的是，引脚导线的一个具有圆点的端子为电气连接点，放置在与外面电路连接端时才有效；否则，电路的电气连接无效。因此当放置的引脚导线中有圆点的一端不在外部时，要用鼠标左键按下该引脚导线，然后按下空格键或者 X、Y 键将有圆点的一端旋转到元器件外部，如图 5-13 所示。

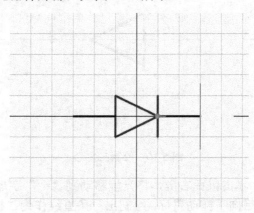

图 5-13 引脚导线圆点指向

将引脚导线方向旋转到需要的方向后，单击鼠标左键即可将该引脚导线放置在元器件上。

将引脚导线放置完成后即可双击导线，然后在出现的如图 5-14 所示的"引脚导线属性"对话框中设置引脚导线的属性。

在该对话框中可以设置导线的引脚名称、引脚序号、引脚导线的颜色、引脚导线的方向、引脚导线的长度及引脚导线的电气意义等内容。

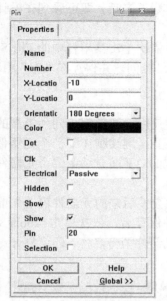

图 5-14　"引脚导线属性"对话框

其中隐藏引脚在只有两个引脚的电阻、电容、电感及二极管等元器件中可以不用设置，采用系统默认的参数即可；引脚名称、引脚序号应按照元器件的实际情况进行设置。为了简捷，可以将显示引脚名称、引脚序号等选项后面复选框中的"√"取消。只有在具有三个以上（含三个）引脚的元器件中才需要设置以上选项。需要注意的是，在三极管、晶体管、场效应管等具有三个引脚的元器件中，元器件的引脚及引脚名称要根据具体型号设置（如三极管的三个引脚分别对应 B、C、E 电极）；否则，在进行印制板设置时可能会出现许多问题。

对于引脚电气意义的设置选项，在一般情况下，可以不用设置。

需要注意的是，引脚导线长度选项中的数值必须为"5"的整数倍；否则，在以后绘制导线时会出现导线不能接通的问题（这是因为栅格的最小单位为 5）。

放置一条引脚导线并设置属性后，再放置另一条引脚导线并设置其属性（以二极管制作为例），即可完成二极管图形部分和元器件引脚的制作。

将二极管的图形及引脚部分制作完成后就可以设置元器件的属性了。首先要设置元器件需要显示的描述名称（如二极管为 VD 或者 D，三极管为 VT 或者 Q，集成电路为 IC 或者 U）。其设置方法如下。

依次单击菜单栏中的 Tools|Description 按钮，出现如图 5-15 所示的"描述名称设置"对话框。

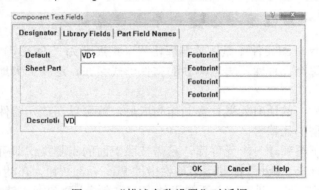

图 5-15　"描述名称设置"对话框

在"描述名称设置"对话框中的"Default"选项中填入要显示的描述名称"VD?"（通常情况下，二极管为 VD 或者 D，三极管为 VT 或者 Q，集成电路为 IC 或者 U），在"Description"栏中填入描述名称"VD"。设置完成后单击"OK"按钮即可。

由于这是制作的第一个元器件，系统为这个元器件起的默认型号是"COMPONENT_1"，为了方便以后的工作，需要将该元器件（本例为二极管）改变型号名称。更改元器件名称的方法如下。

依次单击菜单栏中的 Tools|Rename Component 按钮，然后在图 5-16 所示的"元器件型号"

对话框中填入需要的元器件型号名称，如 1N4148。

填入需要的型号名称后，单击"OK"按钮即可完成改名操作。改名后，即可看到在设计管理器下方的元器件型号已经变为"1N4148"了。

好了，一个型号为 1N4148 的二极管就制作完成了，此时可以依次单击菜单栏中的 File|Save 按钮将该元器件保存起来，以备以后调用。至此，第一个元器件已经创建并保存在"库"中了。

2．在同一个元件库中制作第二个二极管

Protel 99SE 的同一个元件库下可以有多个元器件，为了方便使用，通常都将同种类型的元器件放入同一个元件库中。因此，在制作完第一个元器件后，还要再继续制作下一个元器件，直至需要的元器件制作完成（或者先制作部分元器件，日后再添加）。下面介绍第二个元器件的制作方法。

创建第二个元器件是关键的一步操作，如果操作不正确，就会使后来的元器件覆盖先前创建的元器件。其正确的操作方法是：在第一个元器件制作完成并保存后，依次单击 Tools|New Component 按钮，在随后出现的如图 5-17 所示的对话框中填入元器件型号名称，即可打开一个空白元器件编辑页。

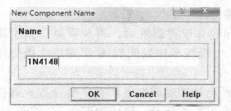

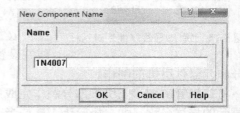

图 5-16 "元器件型号"对话框　　　　　　　　图 5-17 "元器件型号"对话框

然后按照第一个元器件的制作方法，即可制作第二个元器件并保存起来。

5.4.3　在同一数据库下创建一个新的元件库

Protel 99SE 电路原理图元件库是以数据库格式（扩展名为".DDB"）存储的。数据库中可以保存多个元件库，每个元件库不再以单独的文件形式存在，这就大大地方便了数据库的管理与编辑。

当将某一个元件库中的所有元器件都制作完成后，就可以在该元器件数据库中再建一个元件库用来制作其他类型的元器件。

要在一个元件库下再新建一个元件库，只需按照下面的步骤操作即可。

依次单击"Design Explorer"标题下菜单栏中的 File|New 按钮，在随后出现的"新建文件"对话框中双击 图标，即可创建一个新的元件库；先单击 图标，然后单击"OK"按钮，也可以创建一个新的元件库。默认的元件库名为"Schlib2.Lib"。若要将元件库"Schlib2"改名，只需在其图标上单击鼠标右键，然后执行"Rename"命令，输入一个需要的名称（如二极管、晶体管、集成电路等）并按回车键即可。

由于 Protel 99SE 中的多个元件库是以数据库格式存储的，故要将某个元件库单独保存，以便应用在以前版本的 Protel 系统中，则可以通过下列方法实现。

依次单击菜单栏中的 File|Save Copy As 按钮，随后就会出现如图 5-18 所示的"文件另存为"对话框。在该对话框的"Name"文本框中输入元件库名称，选择元件库文件格式"Format"后单击"OK"按钮，即可将元件库单独保存为一个文件（后缀名为".Lib"）。

图 5-18　"文件另存为"对话框

5.4.4　修改原有的元器件使之成为新的元器件

二维码 19　修改封装

有时候不需要重新制作一个元器件，只需要将系统中原有的元器件进行一些修改即可使之成为一个新的元器件。

在电路原理图绘制状态，先在设计管理器中选定需要修改的元器件型号，然后单击"Edit"按钮，元件库编辑器就会启动。

启动元件库编辑器后，这个需要修改的元器件就会被载入编辑区中，如图 5-19 所示，然后就可以利用元件库编辑器中的各种工具对该元器件进行编辑、修改了。

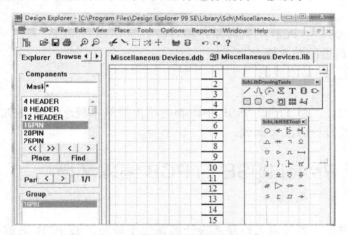

图 5-19　载入编辑区中的待修改元器件

习题

1．进入元件库编辑器界面需要经过哪几个步骤？

2．电路原理图中的元器件主要由哪三部分组成？

3．如何创建新的数据库？

4．在编辑元件库时，常用到的工具是哪两种？

5．在元件库中制作新的元器件需要哪些步骤？

6．如果要将引脚导线拖到需要的位置，应该注意什么问题？

7．如何在同一数据库下创建新的数据库？

8．修改原来的元器件使之成为一个新器件需要哪些步骤？

第 6 章

PCB 编辑环境

本章知识点：
- Protel 99SE 中 PCB 编辑环境
- 印制电路板的基本内容
- 制作 PCB 的环境参数设置方法
- PCB 设计的基本原则

基本要求：
- 掌握 Protel 99SE 中 PCB 编辑环境
- 掌握印制电路板的基本概念
- 掌握 PCB 设计的基本原则

能力培养目标：

通过本章的学习，了解 Protel 99SE 中印制电路板的基本概念，明确 PCB 在电路设计过程中的功能，掌握相关设计方法及原则。

6.1 认识 Protel 99SE 的 PCB 编辑环境

原理图设计完成后，就要进入电路板设计的第二个阶段，即 PCB 电路板设计了。PCB 电路板设计是在 PCB 编辑器中完成的，因此在进行 PCB 电路板设计之前，需要创建一个空白的 PCB 设计文件。在 Protel 99SE 中创建 PCB 设计文件的方法主要有以下两种。
- 利用常规方法创建 PCB 设计文件；
- 利用 PCB 设计文件生成向导创建 PCB 设计文件。

本节主要介绍如何利用 PCB 设计文件生成向导创建 PCB 设计文件。详细过程如下。

（1）执行菜单命令 File|New，打开新建设计文件对话框，如图 6-1 所示。

（2）在该对话框中单击"Wizards"选项卡，即可弹出如图 6-2 所示的对话框。

（3）在该对话框中选中"Printed Circuit Board Wizard"图标，单击"OK"按钮，打开创建 PCB 设计文件向导对话框，如图 6-3 所示。

（4）单击 **Next >** 按钮，打开选择电路板类型和设置 PCB 电路板尺寸单位对话框，如图 6-4 所示。

在该对话框中，设计者可以从 Protel 99SE 提供的 PCB 模板库中为正在创建的 PCB 选择一种工业标准板，也可以选择"Custom Made Board"。本例中选择"Custom Made Board"。

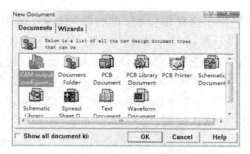

图 6-1　新建设计文件对话框

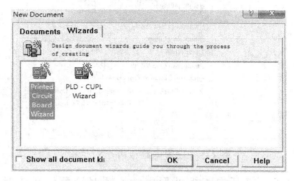

图 6-2　新建设计文档向导对话框

图 6-3　创建 PCB 设计文件向导对话框

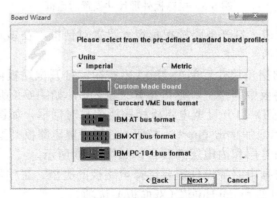

图 6-4　设置系统单位

在 PCB 编辑器中，系统提供了两种单位制，即公制和英制，其换算关系为 1Mil=0.0254mm。单击"Imperial"单选按钮，表示系统尺寸单位为英制"Mil"；单击"Metric"单选按钮，表示系统尺寸单位为公制"mm"。本例选择公制单位，即将系统单位设置为"mm"。

（5）单击 Next > 按钮，打开设置电路板外形对话框，如图 6-5 所示。自定义非标准板生成向导支持"Rectangular"（矩形）、"Circular"（圆形）、"Custom"（系统默认）三种外形。本例选择矩形外形，其余参数采用默认设置。

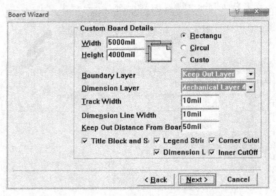

图 6-5　设置电路板外形对话框

（6）单击 Next > 按钮，打开电路板外形尺寸设置对话框，在该对话框中可以设置电路板的外形尺寸，如图 6-6 所示。

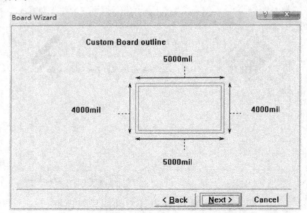

图 6-6　电路板外形尺寸设置对话框

（7）单击 Next > 按钮，打开电路板拐角尺寸设置对话框，在该对话框中可以设置电路板的拐角尺寸，如图 6-7 所示。

（8）设置好电路板的拐角尺寸后单击 Next > 按钮，打开电路板内部镂空外形尺寸设置对话框，如果不需要在电路板中间镂空，则可将其设置为 0，如图 6-8 所示。

（9）单击 Next > 按钮，打开设置电路板标题栏信息对话框，如图 6-9 所示。

（10）设置好标题栏信息后单击 Next > 按钮，打开设置电路板类型和工作层面数目对话框。在该对话框中可以设定信号层和内电层的数目，如图 6-10 所示。

在该对话框中可以根据电路板设计需要选择电路板的类型、工作层面和内电层的数目。本例选择"Two Layer-Plated Through Hole"（双面板）选项。

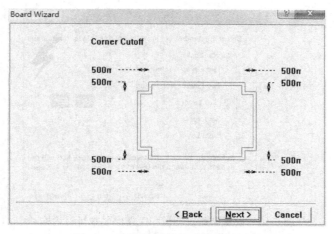

图 6-7　电路板拐角尺寸设置对话框

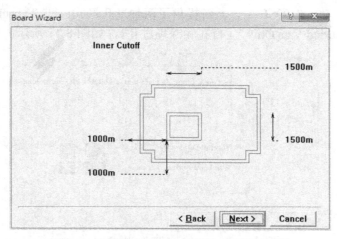

图 6-8　电路板内部镂空外形尺寸设置对话框

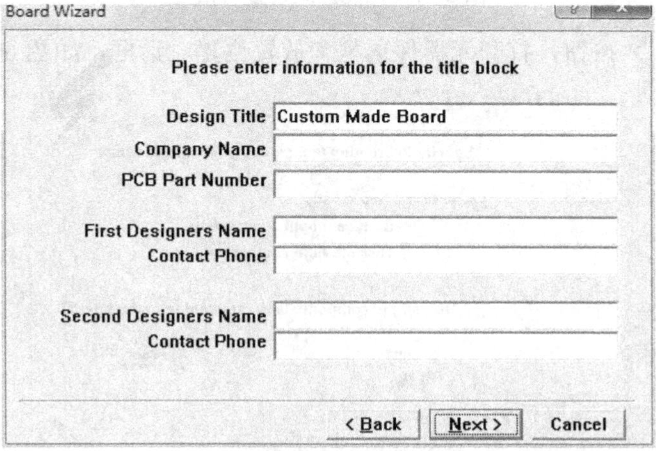

图 6-9　设置电路板标题栏信息对话框

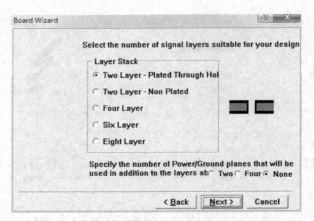

图 6-10　设置电路板类型和工作层面数目对话框

（11）单击 **Next >** 按钮，打开过孔样式设置对话框，如图 6-11 所示，在该对话框中可以设置过孔的样式。在 Protel 99SE 中，系统提供了两种过孔形式，即"Thruhole Vias only"（通孔）和"Blind and Buried Vias Only"（盲孔和深埋过孔），如图 6-11 所示。

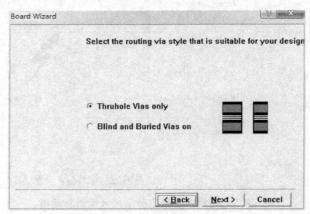

图 6-11　过孔样式设置对话框

（12）单击 **Next >** 按钮，打开元器件选型和放置位置对话框，如图 6-12 所示。

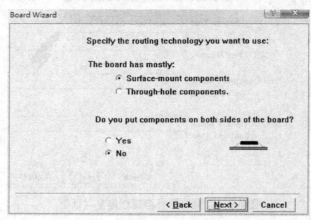

图 6-12　元器件选型和放置位置对话框

在设计 PCB 电路板之前，设计者应该首先考虑电路板上所要放置的元器件类型，即选择直插元器件还是表贴元器件；其次还应当考虑元器件的安装方式，即单面安装元器件还是双面安装元器件。在该对话框中可以选择"Through-Hole components"（直插元器件）选项或"Surface-mount component"（表贴元器件）选项。当选择表贴元器件时，还应当考虑元器件的安装方式，即单面安装还是双面安装；当选择直插元器件时，还应当考虑焊盘之间允许通过的导线数目。

（13）设置完成后单击 **Next >** 按钮，即可弹出设置导线宽度和过孔大小对话框，如图 6-13 所示。在该对话框中可以设置"Minimum Track Size"（导线的最小宽度）、"Minimum Via Width"（过孔的最小外径）、"Minimum Via HoleSize"（过孔的最小尺寸）和"Minimum Clearance"（最小线间距）等参数。

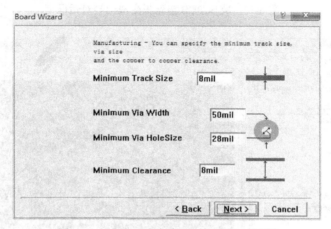

图 6-13　设置导线宽度和过孔大小对话框

（14）单击 **Next >** 按钮弹出确认对话框，如图 6-14 所示。在该对话框中如果选中文字中的复选框，则可将本次设置好参数的电路板存储为模板。

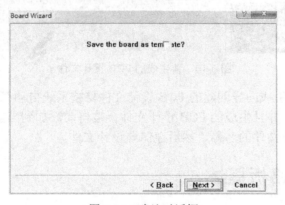

图 6-14　确认对话框

（15）单击 **Next >** 按钮，打开完成 PCB 电路板生成向导对话框，如图 6-15 所示。

在该对话框中单击 **Finish** 按钮，即可完成 PCB 生成向导的设置，此时系统将会创建一个 PCB 设计文件，并且激活 PCB 编辑器的服务程序。图 6-16 所示为新生成的 PCB 设计文件。

图 6-15　完成 PCB 电路板生成向导对话框

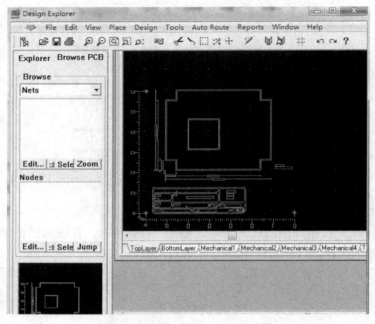

图 6-16　新生成的 PCB 设计文件

　　利用 PCB 设计文件生成向导创建的 PCB 设计文件将被系统自动存储为"*.PCB"文件，其默认的名称为"PCB1"，并且生成的 PCB 设计文件会被自动添加到当前"Document"文件中。

（16）更改 PCB 设计文件的名称，然后存储该设计文件。

6.2　印制电路板概述

二维码 20　印制电路板简介

　　原始的印制电路板是一块表面有导电铜层的绝缘材料板。根据电路结构，在 PCB 上合理安排电路元器件的放置位置。然后在板上绘制各元器件间的互连线，经腐蚀后保留作为互连线用的铜层。再经过钻孔等处理，裁剪成具有一定外形尺寸可供装配元器件用的印制电路板。

6.2.1   印制电路板的分类

随着电子技术的进步，PCB 在复杂程度、适用范围等方面都有飞速发展。一般来说，印制电路板可分为以下几种。

1. 单面板

单面板是一种仅有一面带覆铜的电路板，用户仅可以在覆铜的一面布线。单面板由于其成本低而被广泛应用，比如一些常用家电。但由于只能在一面布线，因此当线路复杂时，其布线往往比双面板或多层板困难得多。

2. 双面板

双面板是包括顶层（Top Layer）和底层（Bottom Layer）两面带覆铜的电路板，顶层一般为元件面，底层一般为焊接层面。双面板因为两面都有覆铜，均可布线，所以是制作电路板比较理想的选择。

3. 多层板

多层板是包含多个工作层的电路板，一般指 3 层以上的电路板。除顶层和底层以外，还包括中间层、内部电源层和接地层。随着电子技术的高速发展，电子产品越来越精密，电路板也越来越复杂，多层电路板的应用也越来越广泛。由于多层电路板的层数增加，给加工工艺带来了困难。

4. 板框

板框就是规范自动布置与自动布线功能的合法区域，通常比实体电路板尺寸还要再缩小一点。板框可以在板层中的禁制板层或机构板层中定义，但是在使用 Protel 99SE 提供的自动布置或自动布线功能之前，一定要先在禁制板层中定义好板框才行。

6.2.2   元器件封装

元器件封装是指实际元器件焊接到电路板时所指示的外观和焊盘位置，它是实际元器件引脚和印制电路板上的焊盘一致的保证。由于元器件封装只是指示元器件的外观和焊盘位置，仅仅是空间的概念，因此不同的元器件可共用一个封装。如图 6-17 所示为二极管封装。利用向导还可以创建集成电路元器件封装，集成电路为 16 脚双列直插式封装，结果如图 6-18 所示。

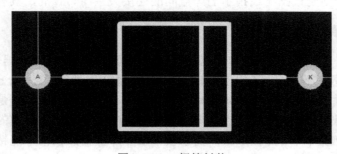

图 6-17   二极管封装

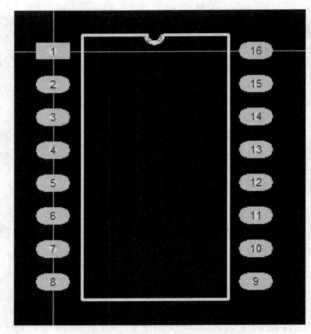

图 6-18   建集成电路元器件封装

Protel 99SE 可以使用两种单位，即英制和公制。英制单位为 in（英寸），在 Protel 99SE 中一般使用的是 mil，即微英寸，1mil=1/1000in。公制单位一般为 mm（毫米），1in=25.4mm，而 1mil=0.0254mm。

元器件封装的编号一般为元器件类型+焊盘距离（焊盘数）+元器件外形尺寸，可以根据元器件封装编号来辨别元器件封装的规格。

6.2.3   铜膜导线

铜膜导线也称为铜膜走线，简称导线。它是覆铜板经过腐蚀加工后在 PCB 上的走线，用于连接各个焊盘以及引脚，是印制电路板最重要的部分。印制电路板设计很大一部分任务都是围绕如何布置导线来进行的。

与导线有关的另一种线是飞线，也称为预拉线。它是在系统装入网络表后，根据规则生成的用来指引布线的一种连线。

导线和飞线有着本质的区别，飞线只是在形式上表示出各个焊盘间的连接关系，没有电气的连接意义；而导线则是根据飞线指示的焊盘间的连接关系而布置的，具有电气连接意义。

6.2.4   助焊膜和阻焊膜

各类膜（Mask）不仅是 PCB 制作工艺过程中必不可少的，而且是元器件焊装的必要条件。按"膜"所处的位置及其作用，可分为：元器件（或焊接面）助焊膜（Top or bottom Solder Mask）和元器件（或焊接面）阻焊膜（Top or bottom Paste Mask）两类。助焊膜是涂于焊盘上用于提高可焊性能的一层膜，也就是在绿色板子上比焊盘略大的浅色圆。阻焊膜的情况正好相反，为了使制成的板子适应波峰焊等焊接形式，要求板子上非焊盘处的铜箔不能粘锡，因此在焊盘以外的各部位都要涂覆一层涂料，用于阻止这些部位上锡。可见，这两种膜是一种互补关系。

6.2.5　焊盘

焊盘是用焊锡将元器件引脚与铜膜导线连接的焊点。焊盘是 PCB 设计中最重要的概念之一。选择元器件的焊盘类型要综合考虑该元器件的形状、大小、布置形式、振动和受热情况、受力方向等因素。Protel 99SE 在封装库中给出了乙烯类不同大小和形状的焊盘，如圆、方、八角、圆方和定位用焊盘等，但有时这还不够用，需要自己编辑。例如，对受力较大、电流较大的焊盘，可自行设计成"泪滴状"。一般而言，自行编辑焊盘时除了以上所讲的之外，还要考虑以下原则。

二维码 21　焊盘

- 形状上长短不一致时，要考虑连线宽度与焊盘特定边长的大小差异不能过大。
- 需要在元器件引脚之间走线时，选用长短不对称的焊盘往往事半功倍。
- 各元器件焊盘孔的大小要按元器件引脚粗细分别编辑确定，原则是孔的尺寸比引脚直径大 0.2～0.4mm。

6.2.6　过孔

过孔也称为导孔。用于连接不同板层导线之间的通路。当铜膜导线在某层受到阻挡无法布线时，可钻上一个孔，并在孔壁镀金属，通过该孔翻到另一层继续布线，这就是过孔。

二维码 22　过孔

过孔有三种，即从顶层贯通到底层的穿透式过孔、从顶层到内层或从内层通到底层的盲过孔和层间的隐藏过孔。

从上面看上去，过孔有两个尺寸，即外圆直径和孔径，外圆直径和孔径间的孔壁由与导线相同的材料构成。

一般而言，设计线路时过孔的处理有以下原则。

- 尽量少用过孔。一旦选用了过孔，必须处理好它与周边各实体的间隙，特别要注意容易被忽视的中间信号层与过孔之间的间隙。
- 依据载流量的大小确定过孔尺寸的大小，如电源层和底线层与其他层连接所用的过孔就要大一些。

6.2.7　层

Protel 99SE 的"层"不是虚拟的，而是印制板材料本身实实在在的铜箔层。如今，由于电子线路的元器件密集安装、抗干扰和布线等特殊要求，一些较新的电子产品中所用的印制板不仅上下两面可供走线，在板的中间还设有能被特殊加工的夹层铜箔。

比如，现在的计算机主板所用的印制板材料大多在 4 层以上。这些层因加工相对较难而大多用于设置走线较为简单的电源布线层，并常用大面积填充的办法来进行布线。表面信号层与中间各信号层需要连通的地方用"过孔"来连接。但要注意：一旦选定了所用印制板的层数，务必关闭那些电路板未被使用的层，以免布线时出现差错。

6.2.8　丝印层

为方便电路的安装和维修，以及标识各个元器件，在印制板的上下两表面印上所需的标志图案和文字代号等，如元器件标号和标称值、元器件外廓形状和厂家标志、生产日期等，这就称为"丝印层"。

不少初学者设计丝印层的有关内容时，只注意文字符号放置得整齐美观，而忽略了实际制出的 PCB 效果。在他们设计的印制板上，字符不是被元器件挡住就是侵入了助焊区而被抹除，还有的把元器件标号打在相邻元器件上，如此种种的设计都会给装配和维修带来不便。丝印层字符的布置原则是"见缝插针，没有歧义，美观清楚"。

6.3 设置环境参数

在 PCB 编辑器中开始绘制电路板之前，设计者可以根据习惯设置 PCB 编辑器的环境参数。PCB 编辑器的环境参数主要指"Snap Grid"（光标捕捉栅格）、"Electric Grid"（电气捕捉栅格）、"Visible Grid"（可视栅格）和"Component Grid"（元器件捕捉栅格）等参数。环境参数设置的好坏将直接影响到 PCB 设计的全过程，对于手工布线和手动调整来说，这一点尤为重要。

一般情况下，在设置环境参数时应遵循以下几个原则。

（1）将"Snap Grid"和"Electric Grid"设置成相近值，在手工布线的时候光标捕捉会比较方便。如果光标捕捉和电气捕捉栅格相差过大，那么在连线的时候，光标会难以捕获到设计者需要的电气节点。

（2）电气捕捉栅格和光标捕捉栅格不能大于元器件封装的引脚间距，否则同样会给连线带来麻烦。

（3）"Component Grid"的设置也不能太大，以免在手工布局和手动调整的时候，元器件不容易对齐。

（4）将"Visible Grid"设为相同的值或者只显示其中某一个可视栅格。一般情况下，如果将图纸单位设为公制，则可将可视栅格设为"1mm"，这样有助于掌握元器件、图纸和导线间距等的大小，此时可视栅格的数目即是两条导线的间距。

图 6-19 所示为一种常用的环境参数设置。

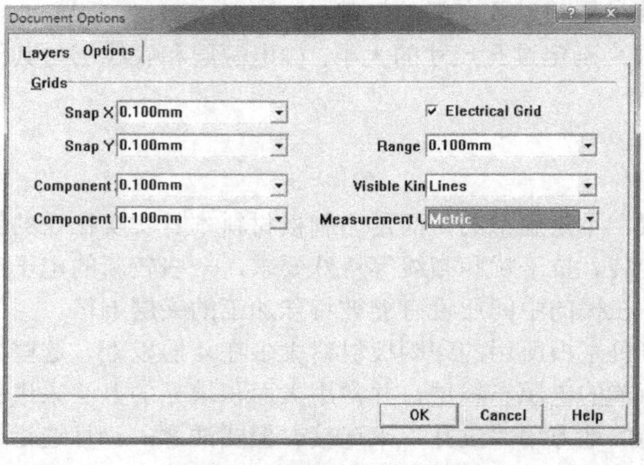

图 6-19 设置好的环境参数

6.4 电路板的规划

电路板的规划包括以下几个方面的内容。

- 电路板选型：选择单面板、双面板或多面板。
- 确定电路板的外形，包括设置电路板的形状、电气边界和物理边界等参数。
- 确定电路板与外界的接口形式，选择接插件的封装形式及确定接插件的安装位置和电路板的安装方式等。

从设计的并行性角度考虑，电路板的规划工作有一部分应当放在原理图绘制之前，比如电路板类型的选择、电路板接插件和安装形式的确定等。在电路板设计过程中，千万不能忽视这一步工作，否则有的后续工作将没法进行。

6.5　PCB 设计的基本原则

PCB 设计的好坏对电路板抗干扰能力影响很大，因此，在进行 PCB 设计时，必须遵守 PCB 设计的一般原则，并应符合抗干扰设计的要求。要使电子电路获得最佳性能，元器件的布局及导线的布设是很重要的。为了设计质量好、造价低的 PCB，应遵循一些原则。

6.5.1　布局

首先，要考虑 PCB 尺寸大小。PCB 尺寸过大时，印制线路长，阻抗增加，抗噪声能力下降，成本也增加；若 PCB 尺寸过小，则散热不好，且邻近线条容易受干扰。在确定 PCB 的尺寸后，再确定特殊元器件的位置。最后，根据电路的功能单元，对电路的全部元器件进行布局。在确定特殊元器件的位置时要遵守如下原则。

二维码 23　布局

- 尽可能缩短高频元器件之间的连线，设法减少它们的分布参数和相互间的电磁干扰。易受干扰的元器件不能相互挨得太近，输入和输出元器件应尽量远离。
- 某些元器件或导线之间可能有较高的电位差，应加大它们之间的距离，以免放电引起意外短路。带强电的元器件应尽量布置在调试时手不易触及的地方。
- 质量超过 15g 的元器件，应当用支架加以固定，然后焊接。那些又大又重、发热量大的元器件，不宜安装在印制板上，而应装在整机的机箱底板上，且应考虑散热问题。热敏元器件应远离发热元器件。
- 对于电位器、可调电感线圈、可变电容器、微动开关等可调元器件的布局，应考虑整机的结构要求。若是机内调节，应放在印制板上便于调节的地方；若是机外调节，其位置要与调节旋钮在机箱面板上的位置相适应。
- 应留出印制板定位孔及固定支架所占用的位置。

根据电路的具体功能，对电路的全部元器件进行布局时，要符合以下原则。

- 按照电路的流程安排各个功能电路单元的位置，使布局便于信号流通，并使信号尽可能保持一致的方向。
- 以每个功能电路的核心元件为中心，围绕它来进行布局。元器件应均匀、整齐、紧凑地排列在 PCB 上，尽量减少和缩短各元器件之间的引线和连接。
- 位于电路板边缘的元器件，离电路板边缘一般不小于 2mm。电路板的最佳形状为矩形。长宽比为 3∶2 或 4∶3。电路板面尺寸大于 200mm×150mm 时，应考虑电路板所受的机械强度。

6.5.2 布线

布线的方法以及布线的结果对 PCB 的性能影响很大，一般布线的基本原则是：

二维码 24 布线

- 输入/输出端用的导线应尽量避免相邻平行。最好加粗线间地线，以免发生反馈耦合。
- 印制导线的最小宽度主要由导线与绝缘基板间的黏附强度和流过它们的电流值决定。

当铜箔厚度为 0.05mm、宽度为 1～15mm 时，通过 2A 的电流，温度不会高于 3℃，因此导线宽度为 1.5mm 可满足要求。对于集成电路，尤其是数字电路，通常选宽度为 0.02～0.3mm 的导线。当然，只要允许，还是尽可能用宽线，尤其是电源线和地线。

导线的最小间距主要由最坏情况下的线间绝缘电阻和击穿电压决定。对于集成电路，尤其是数字电路，只要工艺允许，可使间距小至 5～8mm。

印制导线拐弯处一般取圆弧形，而直角或夹角在高频电路中会影响电气性能。此外，尽量避免使用大面积铜箔，否则，长时间受热时，易发生铜箔膨胀和脱落现象。必须用大面积铜箔时，最好用栅格状，这样有利于排除铜箔与基板间黏合剂受热产生的挥发性气体。

6.5.3 PCB 电路板抗干扰设计

印制电路板的抗干扰设计与具体电路有密切的关系，这里仅就 PCB 抗干扰设计的几项常用措施做一些说明。

1．电源线设计

根据印制电路板电流的大小，尽量加粗电源线宽度，减小环路电阻。同时，使电源线、地线的走向和数据传递的方向一致，这样有助于增强抗噪声能力。

2．地线设计

地线设计的原则是：

- 数字地与模拟地分开。若线路板上既有逻辑电路又有线性电路，应使它们尽量分开。低频电路的地应尽量采用单点并连接地，实际布线有困难时可部分串联后再并联接地。高频电路宜采用多点串联接地，地线应短而粗，高频元器件周围尽量用栅格状大面积铜箔。
- 接地线应尽量加粗。若接地线用很细的线条，则接地电位随电流的变化而变化，使抗噪性能降低。因此应将接地线加粗，使它能通过 3 倍于印制板上的允许电流。如有可能，接地线的宽度应在 2～3mm 以上。
- 接地线构成闭环路。由数字电路组成的印制板，其接地电路布成闭环路大多能提高抗噪声能力。

3．电磁兼容性设计

电磁兼容性是指电子设备在各种电磁环境中仍能够协调、有效地进行工作的能力。电磁兼容性设计的目的是使电子设备既能抑制各种外来的干扰，使电子设备在特定的电磁环境中能够正常工作，同时又能减少电子设备本身对其他电子设备的电磁干扰。

1）选择合理的导线宽度

由于瞬变电流在印制线条上所产生的冲击干扰主要是由印制导线的电感成分造成的，因此应尽量减少印制导线的电感量。印制导线的电感量与其长度成正比，与其宽度成反比，因而短而粗的导线对抑制干扰是有利的。时钟引线、行驱动器或总线驱动器的信号线常常载有大的瞬变电流，印制导线要尽可能地短。对于分立元件电路，印制导线的宽度在 1.5mm 左右时，即可完全满足要求；对于集成电路，印制导线的宽度可在 0.2～1.0mm 之间选择。

2）采用正确的布线策略

采用平行走线可以减少导线电感，但导线之间的互感和分布电容增加。如果布局允许，最好采用井字形状布线结构，具体做法是印制板的一面横向布线，另一面纵向布线，然后在交叉孔处用金属化孔相连。为了抑制印制板导线之间的串扰，在设计布线时应尽量避免长距离的平行走线，尽可能拉开线与线之间的距离，信号线与地线及电源线尽可能不交叉。在一些对干扰十分敏感的信号线之间设置一根接地的印制线，可以有效地抑制串扰。

3）抑制反射干扰

为了抑制出现在印制线条终端的反射干扰，除了特殊需要之外，应尽可能地缩短印制线的长度和采用慢速电路。必要时可加终端匹配，即在传输线的末端对地和电源端各加接一个相同阻值的匹配电阻。根据经验，对一般速度较快的 TTL 电路，其印制线条长于 10cm 以上时就应采用终端匹配措施。匹配电阻的阻值应根据集成电路的输出驱动电流及吸收电流的最大值来决定。

4．去耦电容配置

PCB 设计的常规做法之一是在印制板的各个关键部位配置适当的去耦电容。去耦电容的一般配置原则是：

- 电源输入端跨接 10～100μF 的电解电容器。如果可能，接 100μF 以上的更好。
- 原则上每个集成电路芯片都应布置一个 0.1μF 的瓷片电容，如遇印制板空隙不够，可每 4～8 个芯片布置一个 1～10pF 的钽电容。
- 对于抗噪能力弱、关断时电源变化大的器件，如 RAM、ROM 存储器件，应在芯片的电源线和地线之间直接接入退耦电容。
- 电容引线不能太长，尤其是高频旁路电容不能有引线。

此外，还应注意以下两点。

- 在印制板中有接触器、继电器、按钮等元器件时，操作它们均会产生较大火花放电，必须采用 RC 电路来吸收放电电流。一般 R 取 1～2kΩ，C 取 2.2～47μF。
- CMOS 的输入阻抗很高，且易受感应，因此在使用时对不用端要接地或接正电源。

5．排阻的使用

在电路板设计过程中，经常使用排阻作为上拉电阻或下拉电阻。排阻的公共端接电源或地线，在实际使用过程中发现，如果排阻阻值较大，则通过公共端耦合引起误动作；排阻阻值较小，则增加系统功耗。因此，排阻阻值要慎选，公共端接地线或电源线要粗，最好有去耦电容。

6.5.4　电路板的热设计

从有利于散热的角度出发，印制板最好是直立安装，板与板之间的距离一般不应小于 2cm，而且器件在印制板上的排列方式应遵循一定的规则：

二维码 25　电路板的热设计

- 对于采用自由对流空气冷却的设备，最好是将集成电路（或其他器件）按纵长方式排列；对于采用强控制空气冷却的设备，最好是将集成电路（或其他器件）按横长方式排列。
- 同一块印制板上的器件应尽可能按其发热量大小及散热程度分区排列，发热量小或耐热性差的器件（如小信号晶体管、小规模集成电路、电解电容等）放在冷却气流的最上游（入口处）；发热量大或耐热性好的器件（如功率晶体管、大规模集成电路等）放在冷却气流的最下游。
- 在水平方向上，大功率器件尽量靠近印制板边沿布置，以便缩短传热路径；在垂直方向上，大功率器件尽量靠近印制板上方布置，以便减小这些器件工作时对其他器件温度的影响。
- 对温度比较敏感的器件最好安置在温度最低的区域（如设备的底部），千万不能将它放在发热器件的正上方，多个器件最好是在水平面上交错布局。
- 设备内印制板的散热主要依靠空气流动，所以在设计时要研究空气流动路径，合理配置器件或印制电路板。空气流动时总是趋向于阻力小的地方，所以在印制电路板上配置器件时，要避免在某个区域留有较大的空间。整机中多块印制电路板的配置也应注意同样的问题。

大量实践经验表明，采用合理的器件排列方式，可以有效地降低印制电路板的温升，从而使器件及设备的故障率明显下降。

6.5.5　各元器件之间的连线

按照原理图，将各个元器件位置初步确定下来，然后经过不断调整使布局更加合理，最后就需要对印制电路板中各元器件进行接线。元器件之间的接线安排方式如下。

- 印制电路中不允许有交叉电路，对于可能交叉的地方，可以用"钻"、"绕"两种办法解决。即让某引线从别的电阻、电容、三极管脚下的空隙处"钻"过去，或从可能交叉的某条引线的一端"绕"过去。在特殊情况下，如果电路很复杂，为简化设计也允许用导线跨接，解决交叉电路问题。
- 电阻、二极管、管状电容器等元器件有"立式"和"卧式"两种安装方式。立式指的是元器件体垂直于电路板安装、焊接，其优点是节省空间；卧式指的是元器件体平行并紧贴于电路板安装、焊接，其优点是元器件安装的机械强度好。这两种不同的安装方式，印制电路板上的元器件孔距是不一样的。
- 同一级电路的接地点应尽量靠近，并且本级电路的电源滤波电容也应接在该级接地点上。特别是本级晶体管基极、发射极的接地不能离得太远，否则因两个接地间的铜箔太长会引起干扰与自激，采用这样"一点接地法"的电路，工作较稳定，不易自激。
- 总地线必须严格从高频—中频—低频逐级按弱电到强电的顺序排列原则，不可随便翻来覆去乱接，级间宁可接线长点，也要遵守这一规定。特别是变频头、再生头、调频电路常采用大面积包围式地线，以保证有良好的屏蔽效果。
- 强电流引线应尽可能宽些，以降低布线电阻及其电压降，可减小寄生耦合而产生的自激。

习题

1. 印制电路板的制作材料有哪些？印制电路板可以分为哪三个方面？

2．简述元器件封装的概念以及何时指定元器件封装。

3．构成 PCB 图的基本元素有哪些？

4．PCB 编辑器的环境参数包括哪些？

5．试简述印制电路板图的设计流程。

6．定义一块宽为 1500mil、长为 2000mil 的单面板，要求在禁止布线层和机械层画出板框，在机械层标注尺寸。

7．设置多边形铺铜栅格尺寸为 22mil，路径宽度为 6mil，最小长度为 2mil，焊盘环绕形状为八角形。

8．设置显示过孔网络名称，显示原点，设置栅格类型为点型，显示导孔和焊盘孔。

第7章

PCB 设计系统的操作

本章知识点:
- Protel 99SE 中 PCB 设计系统常用的快捷键
- PCB 设计中尺寸度量单位
- PCB 设计中尺寸标注和坐标
- PCB 设计中常用的编辑功能

基本要求:
- 掌握 Protel 99SE 中 PCB 设计系统中的尺寸度量单位
- 掌握 Protel 99SE 中常用的电路板编辑功能

能力培养目标:

通过本章的学习,掌握 Protel 99SE 中 PCB 设计过程中常用的一些操作和编辑方法,提高 PCB 设计的能力。

7.1 快捷键

在 PCB 编辑器中最为常用的快捷键有以下几个。
- Page Up:对工作区以光标当前位置为中心进行放大。
- Page Down:对工作区以光标当前位置为中心进行缩小。
- Ctrl+Page Down:对工作区进行缩放以显示所有图件。
- End 或 V/R:刷新工作区。
- Ctrl+C 或 Ctrl+Insert:复制。
- Ctrl+V 或 Shift+Insert:粘贴。
- Ctrl+X 或 Shift+Delete:剪切。
- Ctrl+Delete:删除。
- A/A:对电路板进行自动布线。
- D/R:设置电路板布线设计规划。
- D/N:装载网络表文件和元器件封装。
- P/C:放置元器件。
- P/F:放置矩形填充。
- P/G:放置覆铜。
- P/P:放置焊盘。

- P/T：放置导线。
- P/V：放置过孔。
- T/D：进行 DRC 设计校验。

7.2　尺寸度量单位的切换

由于 Protel 99SE 默认为英制工作状态，因此在默认情况下，PCB 的尺寸均以英制为单位（单位为 mil）。为便于计算，也可以将单位切换为公制状态（单位为 mm）。其切换方法如下：执行菜单命令 View|Toggle Units，如图 7-1 所示。

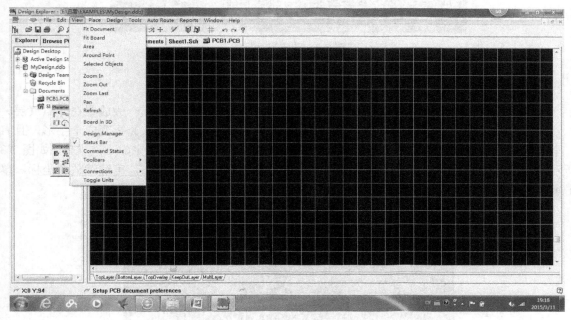

图 7-1　英制/公制的切换

7.3　放置尺寸标注和坐标

1．放置尺寸标注

在 PCB 设计中，出于方便印制电路板制造的考虑，通常要标注某些尺寸的大小，如电路板的尺寸、特定元器件外形间距等，一般尺寸标注在机械层或丝印层上。

单击放置工具栏中的 🖊 按钮，或执行菜单命令 Place|Dimension，光标变成十字形，移动光标到尺寸的起始点，单击鼠标左键；再移动光标到尺寸的终点，再次单击鼠标左键，即完成两点之间尺寸标注的放置，而两点之间的距离由程序自动计算得出，如图 7-2 所示。

在放置尺寸标注命令下按下 Tab 键，或用鼠标左键双击已放置的标注尺寸，在弹出的尺寸标注属性对话框中可以对有关参数进一步进行设置。

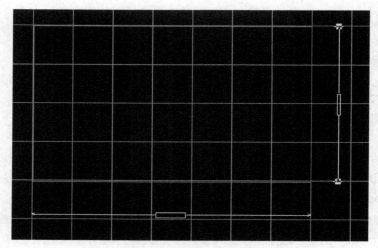

图 7-2 放置尺寸标注

2．放置坐标

放置坐标的功能是将当前光标所处位置的坐标值放置在工作层上，一般放置在非电气层。

单击放置工具栏中的 按钮，或执行菜单命令 Place|Coordinate，光标变成十字形，且有一个变化的坐标值随光标移动，光标移到放置的位置后单击鼠标左键，完成一次操作，如图 7-3 所示。放置好的坐标左下方有一个十字符号。这时光标仍处于命令状态，可继续放置坐标，单击鼠标右键退出放置状态。

图 7-3 放置坐标

在放置坐标命令状态下按 Tab 键，或用鼠标左键双击已放置的坐标，在弹出的坐标属性对话框中同样可以对有关参数进一步设置。

7.4 补泪滴的应用

所谓泪滴导线，就是导线进入焊盘或过孔时，其线宽逐渐变大，形似泪滴状。制作泪滴导线的操作也就是"补泪滴"（也称添加泪滴）。对导线进行补泪滴，并不是为了好看，而是为了加强导线和焊盘之间的连接，以防止在钻孔加工的时候，应力集中于导线和焊盘的连接处，导致导线断裂。下面介绍添加泪滴的操作。

二维码 26 补泪滴

执行菜单命令 Tools/Teardrops...，系统将会弹出"Teardrop Options"（添加泪滴）选项设置对话框，如图 7-4 所示。

在该对话框中，各参数的功能如下。

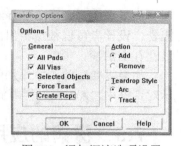

图 7-4　添加泪滴选项设置对话框

1）"General"（通用选项）栏

该栏用于设置添加泪滴操作的各选项参数。

● All Pads：选中该选项表示将为电路板上所有的焊盘添加泪滴。

● All Vias：选中该选项表示将为电路板上所有的过孔添加泪滴。

● Selected Objects：选中该选项后，即使前面两个选项处于选中状态，系统在执行添加泪滴的操作时，也仅对选中的图件添加泪滴。

● Force Teardrops：补泪滴的操作也受电路板设计中安全间距限制规则和其他布线规则的限制，违反设计规则的补泪滴操作将不会被系统执行。选中"Force Teardrops"选项，用于设置是否强制性地为图件添加泪滴。

● Create Report：选中该选项，系统在执行添加泪滴的操作后，将会生成添加泪滴的结果报告。

2）"Action"（操作）栏

该栏用于设置是添加还是删除泪滴焊盘。

● Add：选中该选项，系统将会执行添加泪滴焊盘的操作。

● Remove：选中该选项，系统将会执行删除泪滴焊盘的操作。

3）"Teardrop Style"（泪滴样式）栏

该栏用于设置泪滴焊盘的样式。

● Arc：选中该选项，系统在添加泪滴焊盘时，将以圆弧线段来构成泪滴焊盘。

● Track：选中该选项，系统在添加泪滴焊盘时，将以直线来构成泪滴焊盘。

在本例中为整个电路板上所有的焊盘和过孔添加泪滴，并且选中"Create Report"选项，添加泪滴的部分结果如图 7-5 所示。

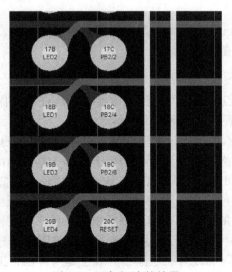

图 7-5　添加泪滴的结果

如果选中"Create Report"选项，系统在补泪滴操作完成后，还将提供补泪滴结果的详细报告，设计者可以根据给出的详细信息进行分析，并对电路板做出适当的调整，为剩余焊盘和过孔补上泪滴。

如果需要删除刚才添加的泪滴，可以重复上面的操作步骤。在操作过程中选中如图 7-4 所示对话框中"Action"栏中的"Remove"选项，单击 OK 按钮即可。

7.5　覆铜的应用

覆铜是一种常见的操作，就是把电路板上没有布线的地方铺满铜箔。覆铜的对象可以是电源网络、地线网络和信号线等。

二维码 27　PCB 覆铜

对地线网络进行覆铜尤其常见，一方面覆铜可以增大地线的导电面积，降低电路由于接地而引入的公共阻抗；另一方面增大地线的面积，可以提高电路板的抗干扰性和流过大电流的能力。下面以地线覆铜为例，介绍覆铜的技巧。

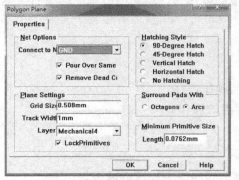

图 7-6　覆铜参数设置对话框

执行菜单命令 Place/Polygon Plane...，系统弹出覆铜参数设置对话框，如图 7-6 所示。

在这个对话框中，有两个设置栏以及一些电层参数的设置，分别说明如下。

1）"Net Options"栏

本栏用于设置覆铜的电气网络名称以及它与相应网络之间的关系。

● "Connect to Net"项：在本项的下拉列表中用户可以根据覆铜的需要选择所要连接的网络。如果选择"No Net"（表示该覆铜不和任何网络连接），那么本栏的其余两项就起不到作用了。

● "Pour Over Same Net"项：选中本项，在覆铜的时候，将会覆盖与覆铜具有相同网络名称的导线。

● "Remove Dead Copper"项：本项用于设置是否清除死铜。死铜指的是在覆铜之后，与任何网络没有连接的部分覆铜。

2）"Plane Settings"栏

本栏用于设置覆铜的格点间距、网格线的宽度以及所在的工作层等。

● "Grid Size"项：本项用于设置覆铜的格点间距。

● "Track Width"项：本项用于设置覆铜网格线的宽度。如果要得到整片的覆铜，而不是网格覆铜，可以将网格线的宽度设定为大于或等于格点的间距。

注意：建议用户在"Grid Size"和"Track Width"项输入数值时，带上尺寸单位"mm"、"mil"。如果输入数值没有单位，那么程序将默认使用当前电路板中所设定的尺寸单位。

● "Layer"项：在本项的下拉列表中选择覆铜所在的工作层面。

● "LockPrimitives"项：本项用于设置要放置的是覆铜还是导线。不选中此项，表示所放置的是导线。两种不同的设置在电路板外观上是一样的，工作上也没有分别。不过，如果不选中此项，则所放置的"覆铜"是由多条导线组成的。

3）"Hatching Style"栏

本栏用于设置覆铜的样式。

● "90-Degree Hatch"项：采用 90° 网格线覆铜。
● "45-Degree Hatch"项：采用 45° 网格线覆铜。
● "Vertical Hatch"项：采用垂直线覆铜。
● "Horizontal Hatch"项：采用水平线覆铜。
● "No Hatching"项：采用中空覆铜。

4）"Surround Pads With"栏

本栏用于设置焊盘与四周覆铜的连接方式。

● "Octagons"项：采用八角形的连接方式。
● "Arcs"项：采用圆弧形的连接方式。

5）"Minimum Primitive Size"栏

本栏用于设置最短的覆铜网格线长度，在"Length"选项后的文本框中输入设置值。同前面一样，请注意数值尺寸单位的问题。

设置完毕后，单击　OK　按钮，这时会出现十字形的鼠标光标，然后像绘制导线一样绘制一个封闭的区域，将需要覆铜的区域围在其中，则系统将会自动为封闭区域覆上铜箔。在画线的过程中，可以配合"Shift+Space"键，改变走线的样式。

在完成覆铜后，如果对本次覆铜的结果不满意，可以在覆铜上双击鼠标左键，即可进入覆铜参数设置对话框。在该覆铜参数设置对话框中，再次对覆铜参数进行重新设置。修改完毕后，单击　OK　按钮，这时系统会弹出一个确认对话框，单击 Yes 按钮确认进行重新覆铜。

7.6　放置字符串

在电路板设计过程中，字符串常常用作必要的文字标注。虽然字符串本身并不具有任何电气特性，它只是起提醒设计者的作用，但是一旦将字符串放置到信号层上，加工后的电路板将可能引起短路。这是因为信号层上的字符串是在铜箔上腐蚀而成的，字符串本身就是导电的铜线，当其跨越在多条信号线之间时便会发生短路。因此，通常将字符串放置在顶层丝印层，如果设计者要在信号层上放置字符串，则应当特别小心。

放置字符串主要有以下三种方法。

● 单击放置工具栏中的 T 按钮；
● 执行菜单命令 Place|String；
● 使用快捷键 P|S。

放置字符串的操作方法如下。

（1）单击放置工具栏中的 T 按钮，执行放置字符串的命令，此时光标将变成十字形并带着一个字符串（上次放置的字符串）出现在工作窗口中。

（2）按 Tab 键打开设置字符串属性对话框，如图 7-7 所示。

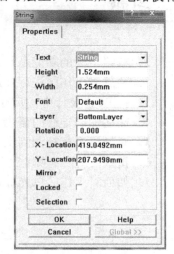

图 7-7　设置字符串属性对话框

在该对话框中可以对"Text"、"Height"、"Width"、"Font"、"Layer"、"Rotation"、"X-Location"和"Y-Location"等参数进行设置。字符串的内容既可以从下拉列表中选择，也可以由用户直接输入。

（3）设置完字符串属性后单击"OK"按钮确认，即可回到工作窗口中。

（4）将鼠标光标移到所需位置，然后单击鼠标左键，即可将当前字符串放置在光标所在的位置。

（5）此时，系统仍处于放置相同内容字符串的命令状态，可以继续放置该字符串，也可以重复上面的操作，改变字符串属性。放置结束后单击鼠标右键或按 Esc 键，即可退出当前命令状态。

7.7　放置原点

在印制电路板设计系统中，程序本身提供了一套坐标系，其原点称为绝对原点（Absolute Origin）。用户也可以通过设定坐标原点来定义自己的坐标系，用户坐标系的原点称为当前坐标原点（Current Origin）。

设置坐标原点主要有以下三种方法。

● 单击放置工具栏中的 ⊠ 按钮；
● 执行菜单命令 Edit|Origin|Set；
● 使用快捷键 E|O|S。

放置原点的操作方法如下。

（1）单击放置工具栏中的 ⊠ 按钮，执行设置 PCB 编辑器工作窗口坐标原点的命令，此时光标将变成十字形。

（2）移动鼠标光标到所需位置，单击鼠标左键，设定坐标的原点。设定坐标系的原点时应注意观察状态栏中的显示，以便了解当前光标所在位置的坐标。

（3）如果要恢复程序原有的坐标系，可以执行菜单命令 Edit|Origin|Reset。

习题

1．放置坐标的功能是什么？
2．要想对工作区进行缩放以显示所有图件应如何操作？
3．在 PCB 设计中，尺寸标注的位置有哪些？
4．简述泪滴导线的概念。
5．对导线进行补泪滴操作的目的是什么？
6．覆铜的对象有哪些？
7．如何对工作区以光标当前位置为中心进行放大？

第8章

PCB 的设计

本章知识点：
- Protel 99SE 中 PCB 设计的步骤
- PCB 设计中的元器件布局方法
- PCB 设计中设计规则设置与自动布线方法

基本要求：
- 掌握 Protel 99SE 中 PCB 设计的过程
- 掌握 Protel 99SE 中元器件布局的方法
- 掌握 PCB 设计中规则设置与布线功能的使用

能力培养目标：

通过本章的学习，了解 Protel 99SE 中创建 PCB 模板的方法，掌握 PCB 设计过程中元器件布局的方法、设计规则设计方法、布线方法，通过实际电路的制作提高 PCB 电路设计的能力。

PCB 的设计就是通过计算机自动将原理图中元器件间的逻辑连接转换为 PCB 铜箔连接。

8.1 使用制板向导创建 PCB 模板

8.1.1 使用已有的模板

Protel 99SE 提供的制板向导中带有大量已经设置好的模板，这些模板中已具有标题栏、参考布线规则、物理尺寸和标准边缘连接器等，允许用户自定义电路板，并保存自定义的模板。

执行菜单命令 File|New 建立新文档，弹出如图 8-1 所示的对话框，选择"Wizards"选项卡，选中制板向导图标，系统启动图 8-2 所示的制板向导。

单击图 8-2 中的 Next> 按钮，进入图 8-3 所示的模板选择对话框，在其中可以选择所需的设计模板和所采用的单位制。

下面以设计 PCI 32 位的模板为例介绍模板的设计过程。

（1）在图 8-3 中选中模板 IBM & APPLE PCI bus format 建立 PCI 模式的模板，设计的单位制选择为英制（Imperial）。

（2）单击 Next> 按钮，弹出印制板类型选择对话框，如图 8-4 所示，选择印制板类型 PCI short card 3.3V/ 32BIT。

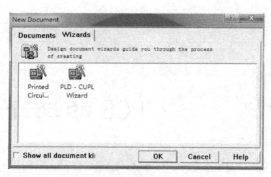

图 8-1　创建模板文档

图 8-2　启动制板向导

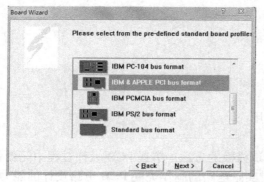

图 8-3　模板选择对话框

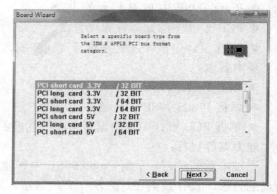

图 8-4　印制板类型选择对话框

（3）单击图 8-4 中的 Next > 按钮，弹出标题栏设置对话框，如图 8-5 所示，可以设置标题（Design Title）、公司名称 （Company Name）、PCB 编号（PCB Part Number）、设计人员姓名（Designers Name）及联系电话（Contact Phone）。

（4）设置标题栏信息后，单击 Next > 按钮，弹出信号层设置对话框，如图 8-6 所示，在其中可以设置使用的信号层。

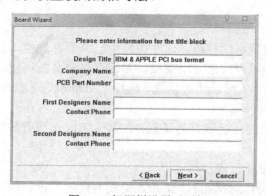

图 8-5　标题栏设置对话框

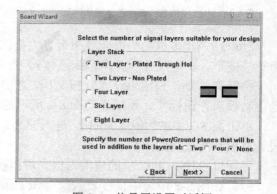

图 8-6　信号层设置对话框

（5）设置好信号层后，单击 Next > 按钮，弹出如图 8-7 所示的过孔类型选择对话框，可以选择"Thruhole Vias only"（穿透式过孔）和"Blind and Buried Vias only"（半掩埋式和掩埋式过孔）。

（6）设置完过孔后，单击 Next> 按钮，弹出如图 8-8 所示的元器件类型及放置方式设置对话框，设置元器件类型为"Surface-mount components"（贴片式）或"Through-hole components"（插针式），以及元器件是单面放置（选"No"）还是双面放置（选"Yes"）。

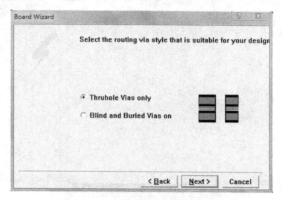

图 8-7　过孔类型选择对话框

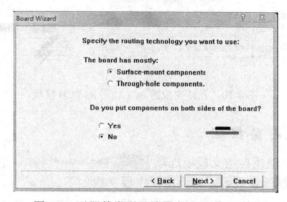

图 8-8　元器件类型及放置方式设置对话框

（7）设置完成后单击 Next> 按钮，弹出如图 8-9 所示的布线参数设置对话框，图中主要参数如下。

"Minimum Track Size"设置最小导线宽度；"Minimum Via Width"设置过孔的最小外径；"Minimum Via HoleSize"设置过孔的最小内径；"Minimum Clearance"设置导线之间的最小间距。

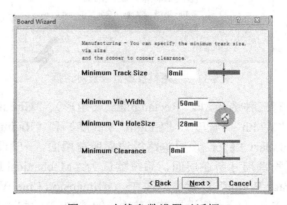

图 8-9　布线参数设置对话框

（8）所有设置完毕，单击 Next> 按钮，弹出结束模板设计对话框，单击 Finish 按钮完成 PCB 模板设计。设计完成的 PCI 32 位的 PCB 模板如图 8-10 所示。

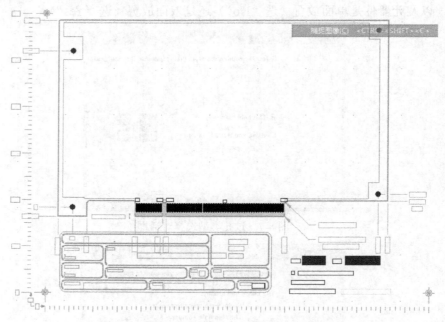

图 8-10　设计完成的 PCI 32 位的 PCB 模板

8.1.2　自定义电路模板

启动制板向导，选中创建自定义模板选项 Custom Made Board ，进入自定义模板状态，弹出如图 8-11 所示的电路模板参数设置对话框，主要参数如下。

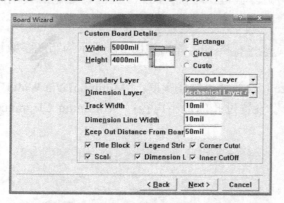

图 8-11　电路模板参数设置对话框

（1）板的类型设置。有三种选择，即"Rectangular"（矩形）、"Circular"（圆形）和"Custom"（自定义）；主要参数有"Width"（宽度）、"Height"（高度）和"Radius"（半径，圆形板）。

（2）层面设置。"Boundary Layer"设置电路板边界所在层面，一般设置为"Keep Out Layer"；"Dimension Layer"设置物理尺寸所在层面，系统默认为"Mechanical Layer 4"。

（3）线宽设置。"Track Width"设置导线线宽；"Dimension Line Width"设置标尺线线宽；"Keep Out Distance From Board Edge"设置禁止布线层上的电气边界与电路板边界之间的距离。

（4）其他选择设置。包括"Title Block"（标题栏显示设置）、"Legend String"（图例的字符串显示设置）、"Corner Cutoff"（是否切掉电路板的四个角）、"Scale"（显示比例设置）、"Lines"（尺寸线显示设置）、"Inner Cutoff"（是否切掉电路板的中间部分）。

将"Width"设置为 2500mil，将"Height"设置为 2000mil，单击 Next> 按钮，弹出如图 8-12 所示的自定义印制板外形对话框，此时还可以重新设置印制板的尺寸。

定义好印制板尺寸后，单击 Next> 按钮，此后的操作与使用已有模板中的方法相同，分别设置标题栏信息、定义信号层、定义过孔类型、定义元件类型及放置方式、设置布线参数，然后单击 Next> 按钮，屏幕弹出一个对话框。若要保存模板，则选中复选框，出现如图 8-13 所示的保存模板对话框，输入模板名和模板说明后单击 Next> 按钮，将当前模板保存。

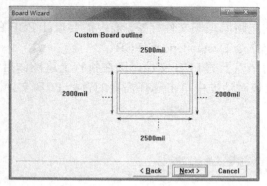

图 8-12　自定义印制板外形对话框

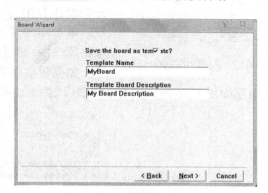

图 8-13　保存模板对话框

8.2　用同步器更新 PCB 图

在前面的工作中已经将 PCB 封装库导入到 PCB 设计管理器中，并将 PCB 的尺寸在禁止布线层上标注出来，下面就可以开始设计 PCB 了。

要想将一张电路原理图设计为 PCB，除各元器件引脚之间的连接一定要正确外，还要保证原理图中的元器件封装类型与元器件封装库中的名称相对应。下面以如图 8-14 所示的电路原理图为例来介绍 PCB 的设计方法。

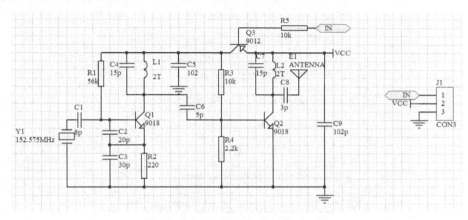

图 8-14　PCB 设计参考电路原理图

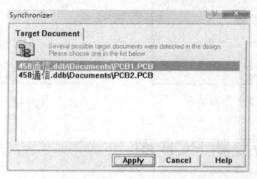

图 8-15　元器件属性对话框

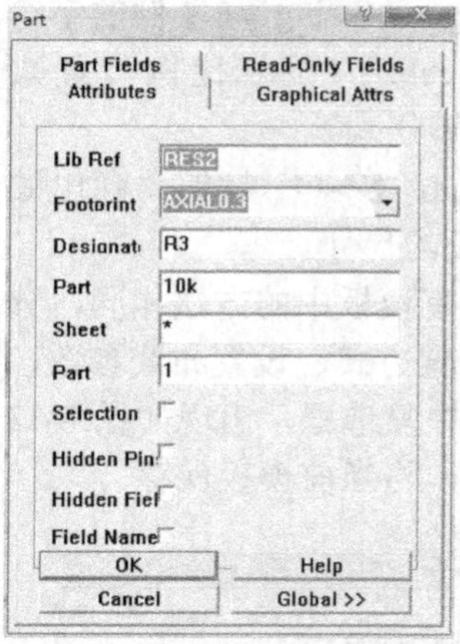

打开需要设计 PCB 的电路原理图后，首先要检查电路中元器件之间的连接是否正确，网络标号是否重复，然后还要双击各个元器件，在随后出现的如图 8-15 所示的元器件属性对话框中查看元器件的各种属性设置是否正确。在该对话框中单击"Attributes"选项卡，在该标签下的窗口中即可修改元器件属性。

"Footprint"栏内为元器件的封装名称。元器件属性对话框中的元器件封装形式必须与 PCB 设计浏览器中元器件的封装名称完全一致。

将电路原理图中的所有元器件封装名称都设置完毕后，就可以开始设计 PCB 了。

单击作图区上面的电路原理图文件标签，选中需要设计 PCB 的电路原理图，执行菜单命令 Design|Update PCB。

如果该数据库有两个以上的 PCB 文件，则在执行上述操作后，会出现如图 8-16 所示的目标 PCB 选择对话框。在该对话框中单击选择需要的目标 PCB 文件。

图 8-16　目标 PCB 选择对话框

单击该对话框右下角的"Apply"按钮即可进入如图 8-17 所示的同步器对话框。如果该数据库中只有一个 PCB 文件，则会跳过如图 8-16 所示的对话框直接进入如图 8-17 所示的对话框。

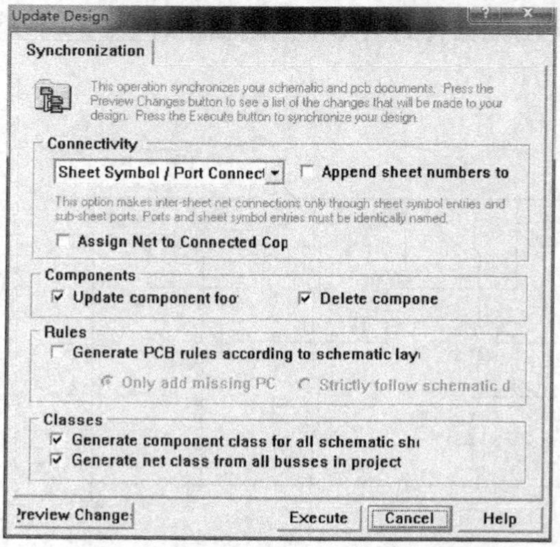

图 8-17　同步器对话框

同步器对话框中，"Components"区块下的两个栏目必须全部选中。其中，"Update component footprint"是更新元器件，"Delete components"是删除元器件，只有这两个栏目全部选中，才能保证原理图和 PCB 图百分之百同步。

然后单击图 8-17 中的"Execute"按钮，若电路原理图存在错误，则在单击"Execute"按钮后会出现如图 8-18 所示的错误提示对话框。

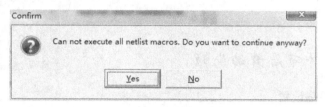

图 8-18   错误提示对话框

该对话框的含义为"元器件封装存在问题，需要强制进行封装模型装入工作吗？"单击"Yes"按钮进行强制装入，单击"No"按钮退出工作。出现该错误提示对话框的原因主要有以下几点。

（1）电路原理图中的元器件封装与 PCB 编辑器装入的封装库不对应，如原理图中三极管的引脚排列为 E、B、C，而封装库中的引脚排列为 1、2、3。

（2）PCB 编辑器中载入的封装库中没有电路原理图中定义的元器件封装，如原理图中的元器件封装定义为 TO22015，而封装库中只有 TO220-15 封装。

（3）电路原理图中有重复的元器件标号。

（4）电路原理图中网络标号的名称超过 8 个字符。

在实际设计工作中，电路原理图中个别元器件的封装不一定要完全正确，只要引脚数量和引脚编号对应即可（这样可以保证网络表导入 PCB 编辑器时完全通过），然后再到 PCB 编辑器中进行修改。

若电路原理图中没有任何错误，则不会出现如图 8-18 所示的错误提示对话框。

随后，与原理图元器件对应的 PCB 元器件就放置到 PCB 图里了。此时单击作图区上面的 PCB 文件标签，进入到 PCB 设计浏览器中。

由于 PCB 编辑器是按照默认的显示比例进行显示的，故在工作区还看不到已经装入的元器件，此时，还需要执行菜单命令 View|Fit Board。

随后，就可以看到所有的 PCB 元器件已经放置到 PCB 管理器中，如图 8-19 所示。

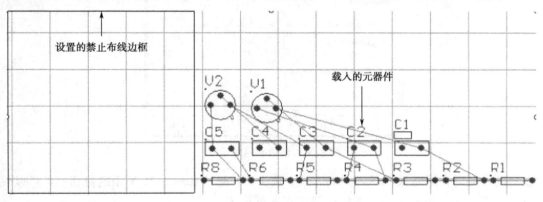

图 8-19   PCB 管理器中的元器件

第一次使用同步器更新 PCB 图时，PCB 元器件会被一个正方形的网络罩住，用鼠标拖动这个网络，PCB 元器件也随之移动。用鼠标单击这个正方形的网络内无元器件的任何位置，然后按键盘上的 Delete 键，就可以删除正方形网络，以后再更新 PCB 时就不会出现了。

8.3　元器件布局

8.3.1　元器件布局前的处理

二维码 28　PCB 元器件布局的原则

1．元器件布局栅格设置

执行菜单命令 Design|Options，在弹出的对话框中选择"Options"选项卡，设置捕获栅格和元件栅格 X、Y 方向的间距大小。

2．字符串显示设置

执行菜单命令 Tools|Preferences，在弹出的对话框中选择"Display"选项卡，在"Draft thresholds"选项区域中，减小"Strings"中的字符串阈值，完整显示字符串内容。

3．元器件布局参数设置

执行菜单命令 Design|Rules，在对话框中选中"Placement"选项卡，出现元器件布局参数设置对话框。一般选择默认选项。

8.3.2　元器件自动布局

进行自动布局前，必须在 Keepout Layer 上先规划电路板的电气边界，然后载入网络表文件，否则屏幕会提示错误信息。

执行菜单命令 Tools|Auto Placement|Auto Placer，弹出自动布局对话框，如图 8-20 所示。有"Cluster Placer"组布局方式、"Statistical Placer"统计布局方式和"Quick Component Placer"快速布局三种选择。

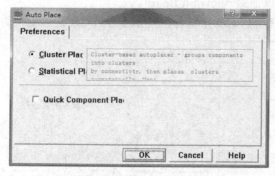

图 8-20　自动布局对话框

在自动布局时，通常采用统计布局方式。选中后，弹出如图 8-21 所示的对话框，可以设置元件组、元件旋转、电源网络、地线网络和布局栅格等。

设置完毕，单击"OK"按钮，程序开始自动布局，产生自动布局的印制板 Place1，自动布局完成后，会出现一个对话框，提示自动布局完成，完成后的窗口如图 8-22 所示。

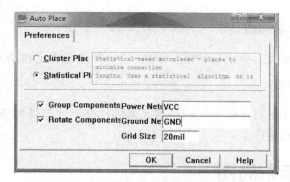

图 8-21　统计布局方式下的自动布局设置

单击 **OK** 按钮，弹出一个对话框，提示是否更新电路板。单击 "Yes" 按钮，程序更新电路板，退出自动布局状态，PCB 如图 8-23 所示。此时各元器件之间存在连线，称为网络飞线，体现节点间的连接关系。

显然图中的元器件布局不理想，元器件标号的方向也不合理，需要手工调整。在保证电气性能的前提下，尽量减少网络飞线的交叉，以利于提高自动布线的布通率。

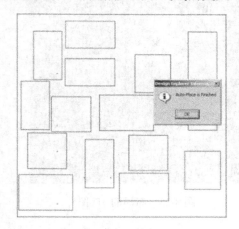

图 8-22　自动布局完成后的窗口

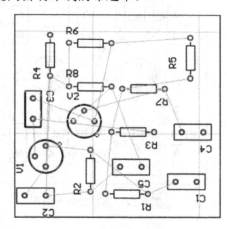

图 8-23　完成自动布局的电路板

8.3.3　手工布局调整

手工布局调整的主要目的是通过移动元器件、旋转元器件等方法合理调整元器件的位置，减少网络飞线的交叉。

1. 元器件的选取

单个元器件选取通过直接用鼠标单击元器件实现，多个元器件选取可用鼠标拉出方框进行，或者在按住 Shift 键的同时，用鼠标单击要选中的元器件实现。

2. 元器件的移动、旋转

通过菜单 Edit|Move 下的各种命令来完成。在元器件移动过程中，按下空格键、X 键、Y 键也可以旋转元器件。

3．锁定状态元器件的移动

移动锁定状态的元器件，弹出对话框，单击"Yes"按钮确定移动元器件。

4．元器件标注的调整

双击元器件标注，弹出对话框，可以编辑元器件标注。元器件标注一般要保持一致的大小和方向，且不能放置在元器件上。

8.4　3D 显示布局图

执行菜单命令 View|Board in 3D 显示元器件布局的 3D 视图，观察元器件布局是否合理。手工布局调整后的电路如图 8-24 所示，3D 图如图 8-25 所示。

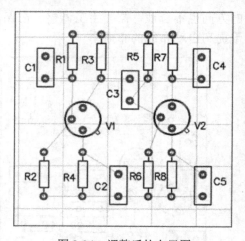 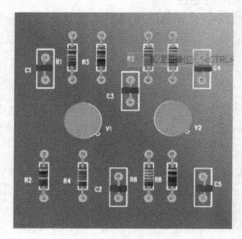

图 8-24　调整后的布局图 　　　　　　　图 8-25　布局的 3D 图

8.5　设计规则设置与自动布线

8.5.1　自动布线设计规则设置

二维码 29　PCB 自动布线规则

自动布线前，首先要设置布线设计规则。执行菜单命令 Design|Rules，弹出如图 8-26 所示的对话框，此对话框共有六个选项卡，分别设定与布线、制造、高速线路、元器件自动布置、信号分析及其他方面有关的设计规则。以下介绍常用的布线设计规则。

1．Clearance Constraint（间距限制规则）

选中"Clearance Constraint"，进入间距限制规则设置。该规则用来限制具有导电特性的图件之间的最小间距，在对话框的右下角有三个按钮。

（1）"Add"按钮。用于新建间距限制规则，单击后出现如图 8-27 所示的对话框。左边一栏用于设置规则适用的范围，右边一栏用于设置设计规则的参数，"Connectivity"下拉列表框设置适用网络。

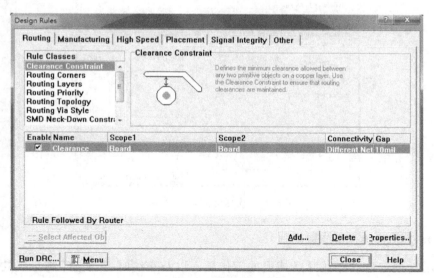

图 8-26　设计规则对话框

设置完毕，单击 OK 按钮，完成间距设计规则的设定，设定好的内容将出现在设计规则对话框下方的具体内容一栏中。

（2）"Delete" 按钮。用于删除选取的规则。

（3）"Properties" 按钮。用于修改设计规则参数，修改后的内容会出现在具体内容栏中。

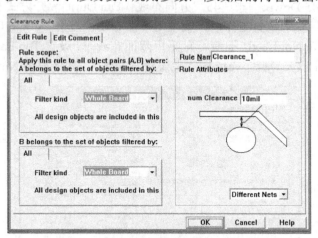

图 8-27　间距限制设计规则

2．Routing Corners（拐弯方式规则）

此规则主要是在自动布线时，规定印制导线拐弯的方式。单击 "Add" 按钮，出现如图 8-28 所示的拐弯方式规则对话框，设置规则适用范围和规则参数。

拐弯方式规则的 "Style" 下拉列表框中可以选择所需的拐弯方式，有三种：45°拐弯、90°拐弯和圆弧拐弯。其中，对于 45°拐弯和圆弧拐弯，有拐弯大小的参数，带箭头的线段长度参数在 "Setback" 栏中设置。

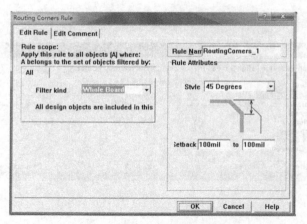

图 8-28　拐弯方式规则对话框

3．Routing Layers（布线层规则）

此规则用于规定自动布线时所使用的工作层，以及布线时各层上印制导线的走向。单击"Add"按钮，出现如图 8-29 所示的布线层规则对话框，可以设置布线层、规则适用范围和布线方式。

图中"Filter kind"下拉列表框用于选择规则适用范围。右边栏设置自动布线时所用的信号层及每一层上的布线走向，有下列几种：Not Used：不使用本层；Horizontal：本层水平布线；Any：本层任意方向布线；Vertical：本层垂直布线；$1\sim50''$ Clock：$1\sim5$ 点钟方向布线；45 Up：向上 45° 方向布线；45 Down：向下 45° 方向布线；Fan Out：散开方式布线等。

布线时应根据实际要求设置工作层。如采用单面布线，设置 Bottom Layer 为 Any（底层任意方向布线），其他层为 Not Used（不使用）；采用双面布线时，设置 Top Layer 为 Horizontal （顶层水平布线），Bottom Layer 层为 Vertical （底层垂直布线），其他层为 Not Used（不使用）。

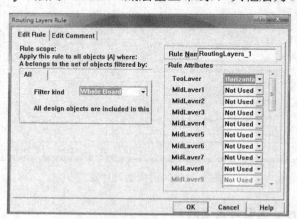

图 8-29　布线层规则对话框

4．Routing Via Style（过孔类型规则）

此规则设置自动布线时所采用的过孔类型。单击"Add"按钮，出现如图 8-30 所示的过孔类型规则对话框，需设置规则适用、孔径范围和钻孔直径范围。

图 8-31 所示为过孔类型规则设置的范例。从图中可以看出，不同类型的过孔，其尺寸设置

不同，一般电源和接地的过孔尺寸比较大且为固定尺寸，而其他信号线的过孔尺寸则稍小。

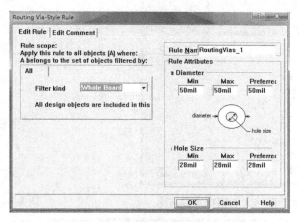

图 8-30　过孔类型规则对话框

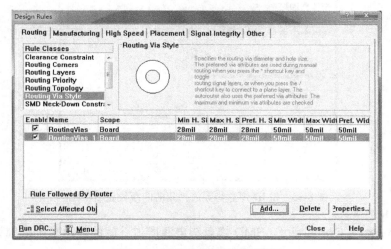

图 8-31　过孔类型规则设置举例

5．SMD Neck-Down Constraint（SMD 焊盘与导线的比例规则）

此规则用于设置 SMD 焊盘在连接导线处的焊盘宽度与导线宽度的比例，可定义一个百分比，如图 8-32 所示。单击"Add"按钮，出现如图 8-33 所示的对话框，用于设置 SMD 焊盘与导线的比例。

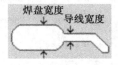

图 8-32　宽度示意图

6．SMD To Corner Constraint（SMD 焊盘与拐角处最小间距限制规则）

此规则用于设置 SMD 焊盘与导线拐角的间距大小，如图 8-34 所示。单击"Add"按钮，出现如图 8-35 所示的 SMD 焊盘与导线拐角的间距设置对话框，对话框左边的"Filter kind"下拉列表框用于设置规则的适用范围；右边的"Distance"栏用于设置 SMD 焊盘到导线拐角的距离。

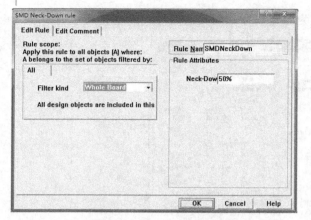

图 8-33　SMD 焊盘与导线的比例规则设置对话框

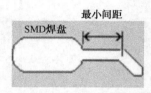

图 8-34　焊盘与导线拐角的间距

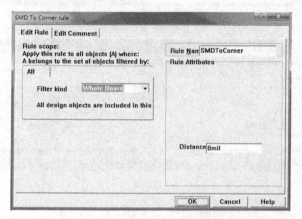

图 8-35　SMD 焊盘与导线拐角的间距设置对话框

7. SMD To Plane Constraint（SMD 焊盘与电源层过孔间的最小长度规则）

此规则用于设置 SMD 焊盘与电源层中过孔间的最短布线长度。单击"Add"按钮，出现如图 8-36 所示的设置对话框，对话框左边的"Filter kind"下拉列表框用于设置规则的适用范围；右边的"Distance"栏用于设置最短布线长度。

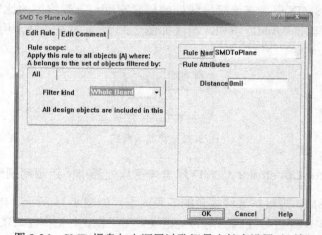

图 8-36　SMD 焊盘与电源层过孔间最小长度设置对话框

8．Width Constraint（印制导线宽度限制规则）

此规则用于设置自动布线时印制导线的宽度范围，可定义一个最小值和一个最大值。单击"Add"按钮，出现如图 8-37 所示的对话框，此对话框用于设置适用范围和线宽限制。

1）设置规则适用范围

对话框的左边一栏用于设置规则的适用范围，其中"Filter kind"下拉列表框用于设置线宽设置的适用范围。

2）设置布线线宽

对话框的右边一栏用于设置规则参数，其中"Minimum Width"设置印制导线的最小宽度；"Maximum Width"设置印制导线的最大宽度；"Preferred Width"设置印制导线的首选布线宽度。自动布线时，布线的线宽限制在这个范围内。

在实际使用中，如果要加粗地线的线宽，可以再设置一个专门针对地线网络的线宽设置，如图 8-38 所示，图中地线的线宽设置为 20mil，规则适用范围为网络 GND。

一个电路中可以针对不同的网络设定不同的线宽限制规则，对于电源和地设置的线宽一般较粗。

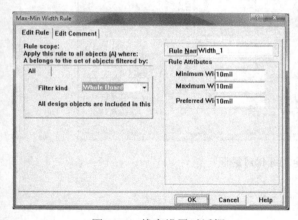

图 8-37　线宽设置对话框

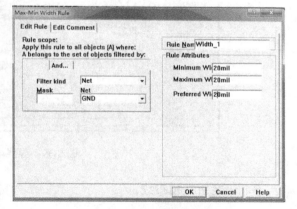

图 8-38　地线线宽设置举例

8.5.2　自动布线前的预处理

1．预布线

在实际工作中，自动布线之前常常需要对某些重要的网络进行预布线，然后运行自动布线完成剩下的布线工作。

（1）执行菜单命令 Auto Route|Net，将光标移到需要布线的网络上，单击左键，该网络立即被自动布线。

（2）执行菜单命令 Auto Route|Connection，将光标移到需要布线的某条飞线上，单击左键，则该飞线所连接焊盘就被自动布线。

（3）执行菜单命令 Auto Route|Component，将光标移到需布线的元器件上，单击左键，与该元器件的焊盘相连的所有飞线就被自动布线。

（4）执行菜单命令 Auto Route|Area，用鼠标拉出一个区域，程序自动完成指定区域内的自

动布线，凡是全部或部分在指定区域内的飞线都完成自动布线。

2．锁定某条预布线

双击连线，屏幕弹出"Track"属性对话框，单击"Global>>"按钮，出现如图 8-39 所示的导线全局编辑对话框。在"Attributes To Match By"栏中将"Selection"下拉列表框设置为"Same"；在"Copy Attributes"栏中选中"Locked"复选框；在"Change Scope"下拉列表框中设置为"All FREE primitives"，单击"OK"按钮，弹出属性修改确认对话框，单击"Yes"按钮确认修改，该预布线即被锁定。

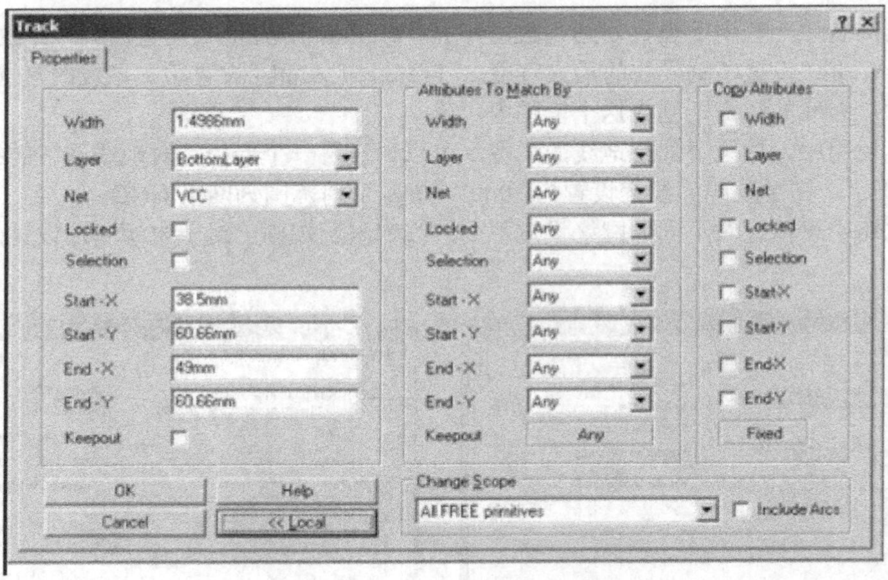

图 8-39　导线全局编辑对话框

3．锁定所有预布线

在布线中，如果已经针对某些网络进行了预布线，若要在自动布线时保留这些预布线，可以在自动布线器选项中设置锁定所有预布线功能。

执行菜单命令 Auto Route|Setup，弹出如图 8-40 所示的自动布线器设置对话框，选中"Lock ALL Pre-routes"复选框，实现锁定预布线功能。

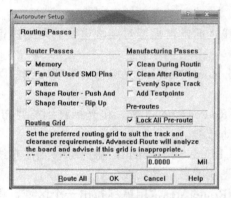

图 8-40　自动布线器设置对话框

4．制作螺丝孔

在印制板制作中，经常要在 PCB 上设置螺丝孔或打定位孔，它们与焊盘或过孔不同，一般不需要有导电部分，可以利用放置过孔或焊盘的方法来制作螺丝孔，图 8-41 所示为设置螺丝孔后的 PCB 规划图。

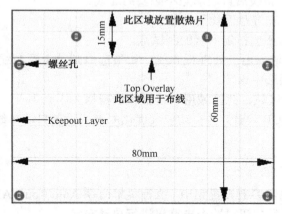

图 8-41　设置螺丝孔

1）采用焊盘的方法

利用焊盘制作螺丝孔的具体步骤如下。

（1）执行菜单命令 Place|Pad，放置焊盘，按 Tab 键，出现焊盘属性对话框，在对话框的"Properties"栏中选择圆形焊盘，并设置"X-Size"、"Y-Size"和"Hole Size"中的数值大小相同，目的是不要表层铜箔。

（2）在焊盘属性对话框的"Advanced"选项卡中，取消选取"Plated"复选框，目的是取消孔壁上的铜。

（3）单击"OK"按钮，退出对话框，这时放置的就是一个螺丝孔。

2）采用过孔的方法

利用放置过孔的方法来制作螺丝孔，具体步骤与利用焊盘方法相似，只要在过孔的属性对话框中，设置"Diameter"和"Hole Size"栏中的数值相同即可。

8.5.3　自动布线

1．自动布线器参数设置

执行菜单命令 Auto Route|Setup，出现自动布线器设置对话框，可以设置自动布线的策略、参数和测试点等，主要参数如下。

（1）"Router Passes"选项区域，用于设置自动布线的策略。

Memory：适用于存储器元件的布线。

Fan Out Used SMD Pins：适用于 SMD 焊盘的布线。

Pattern：智能性决定采用何种算法用于布线，以确保布线成功率。

Shape Router-Push And Shove：采用推挤布线方式。

Shape Router-Rip Up：选取此项，能撤销发生间距冲突的走线，并重新布线以消除间距冲突，提高布线成功率。

布线时，为了确保成功率，以上几种策略都应选取。

（2）"Manufacturing Passes"区域，用于设置与制作电路板有关的自动布线策略。

Clean During Routing：自动清除不必要的连线。

Clean After Routing：布线后自动清除不必要的连线。

Evenly Space Track：在焊盘间均匀布线。

Add Testpoints：自动添加指定形状的测试点。

（3）"Pre-routes"区域，用于处理预布线，如果选中则锁定预布线，一般自动布线之前有进行预布线的电路，必须选中该项。

（4）"Routing Grid"区域，此区域用于设置布线栅格大小。

自动布线器能分析 PCB 设计，并自动按最优化的方式设置自动布线器参数，所以推荐使用自动布线器的默认参数。

2．运行自动布线

布线规则和自动布线器参数设置完毕，执行菜单命令 Auto Route|All，弹出自动布线器设置对话框，单击"Route All"按钮对整个电路板进行自动布线。

自动布线过程中，单击主菜单中的"Auto Route"，在弹出的菜单中执行以下命令，可以控制自动布线进程。Pause：暂停；Restart：继续；Reset：重新设置；Stop：停止布线。

执行"Stop"命令后，中断自动布线，弹出布线信息框，提示目前布线状况，保留已经完成的布线。

8.5.4　手工调整布线

1．布线调整

二维码 30　PCB 手工调整布线

Protel 99SE 中提供有自动拆线功能和撤销功能，当设计者对自动布线的结果不满意时，可以拆除电路板图上的铜膜线而剩下网络飞线。

1）撤销操作

单击主工具栏图标 ，可以撤销本次操作。撤销操作的次数可以通过执行菜单命令 Tools|Preferences，在"Options"选项卡"Other"区的"Undo/Redo"栏中设置。

如果要恢复前次的操作，可以单击主工具栏图标 。

2）自动拆线

自动拆线的菜单命令在 Tools|Un Route 的子菜单中。

All：拆除所有线；Net：拆除指定网络的线；Connection：拆除指定网络的线；Component：拆除指定元件所连接的线。

2．拉线技术

Protel 99SE 提供的拉线功能，可以对线路进行局部调整。拉线功能可以通过以下三个菜单命令实现。

（1）Edit|Move|Break Track（截断连线）。它可将连线截成两段，以便删除某段线或进行某段连线的拖动操作，截断线的效果如图 8-42 所示，图中图件的显示效果选择为草图（Draft）。

（2）Edit|Move|Drag Track End（拖动连线端点）。执行该命令后，单击要拖动的连线，光标自动滑动至离单击处较近的导线端点上，此时可以拖动该端点，而其他端点则原地不动，拖动导线的效果如图 8-43 所示。

（3）Edit|Move|Re-Route（重新走线）。执行该命令可以用拖拉"橡皮筋"的方式移动连线，选好转折点后单击鼠标左键，将自动截断连线，此时移动光标即可拖拉连线，而连线的两端固定不动，重新走线的效果如图 8-44 所示。

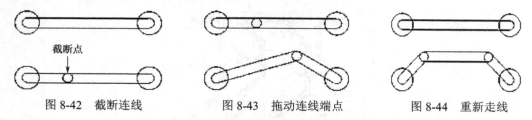

图 8-42　截断连线　　　　图 8-43　拖动连线端点　　　　图 8-44　重新走线

3．添加电路输入端/输出端和电源端的焊盘

在 PCB 设计中，自动布线结束后，一般要给信号的输入、输出和电源端添加焊盘，以保证电路的连接和完整性。

下面以放大电路的 PCB 为例介绍添加焊盘的具体步骤。

（1）将工作层设置为 Bottom Layer。

（2）执行菜单命令 Place|Pad，将光标移到合适的位置放置焊盘，如图 8-45 所示。

（3）双击刚放置的焊盘，弹出焊盘属性对话框，选择"Advanced"选项卡，单击"Net"下拉列表框，选择所需的网络（如 NETC1_1），单击"OK"按钮，将焊盘的网络属性设置为电源 NETC1_1，此时该焊盘上出现网络飞线，连接到 NETC1_1 网络。

如果焊盘直接放置到已布设的铜膜线中，焊盘的网络将自动设置为 VCC。

（4）执行菜单命令 Place|Line，将焊盘连接到网络 NETC1_1 上，如图 8-46 所示。

（5）按照同样的方法连接其他焊盘。

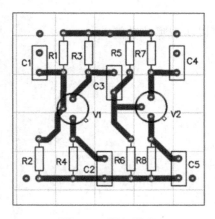

图 8-45　添加焊盘

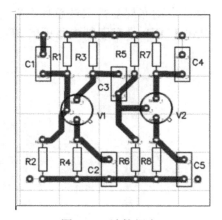

图 8-46　连接焊盘

4．加宽电源线和接地线

在 PCB 设计中，增加电源线和地线的宽度可以提高电路的抗干扰能力。电源线和地线的加宽原则为：一般在允许的情况下，地线越宽越好；而电源线和其他的信号线，如果通过的电流

较大，也需要加宽。

加宽可以通过修改印制导线的线宽或放置填充区的方法实现。图 8-47 所示为采用填充区布设地线。

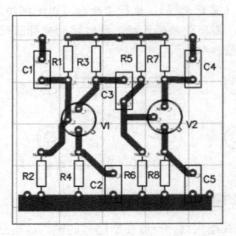

图 8-47　采用填充区布设地线

习题

1．PCB 的设计目的是什么？

2．简述自动布线的概念、自动布线的步骤以及自动布线的优点。

3．PCB 的布局指的是什么？

4．PCB 的布线指的是什么？

5．简述手工布线的概念及其缺点。

6．进行自动布局前需要注意什么？

7．Protel DXP 具有印制电路板的 3D 显示功能，可以实现哪些功能？

第9章

制作元器件封装

本章知识点：
- Protel 99SE 中元器件封装的制作方法
- 创建集成元件库

基本要求：
- 理解 Protel 99SE 中元器件封装的作用
- 掌握 Protel 99SE 中元器件封装的制作方法

能力培养目标：

通过本章的学习，明确元器件封装在电路设计中的功能，学会创建元器件封装的方法。

9.1 制作 PCB 元器件封装

在大多数情况下，在进行 PCB 设计时，都需要绘制自定义的元器件封装形式，库中的封装是无法满足多种多样的元器件的需要的。

在创建元器件封装之前，首先应当创建一个元器件封装库文件，用于放置即将创建的元器件封装。

（1）新建一个数据库文件。

（2）执行菜单命令 File|New，在打开的对话框中选择"PCB Library Document"选项，如图 9-1 所示。

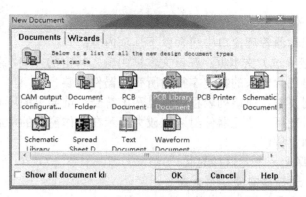

图 9-1 选择"PCB Library Document"选项

（3）单击 OK 按钮，系统将会自动生成一个名为"PCBLIB1.LIB"的库文件，如图 9-2

所示。

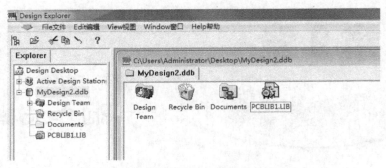

图 9-2 "PCBLIB1.LIB"库文件

（4）双击该元器件封装库文件，打开元器件封装库编辑环境，如图 9-3 所示。

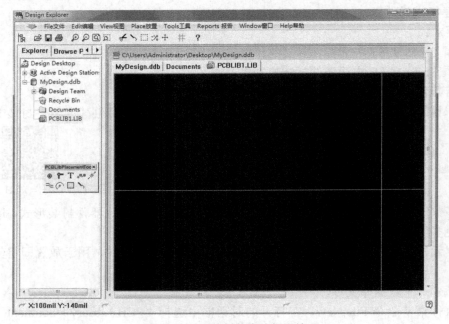

图 9-3 元器件封装库编辑环境

（5）单击 按钮，保存该元器件封装库文件。

在元器件封装库编辑器管理窗口中包含以下几项内容：

（1）"Mask"（屏蔽筛选）文本框：在该文本框中输入特定的查询字符后，在下面的元器件封装列表框中将显示出包含输入的特定字符的所有元器件封装。

（2）元器件封装列表框：在该列表框中将显示出符合查询要求的所有元器件封装。在列表框中选中某一元器件封装后，该元器件封装将放大显示在工作窗口的中心位置。

（3）元器件封装浏览按钮。

   <   按钮：选择上一个元器件封装。

   <<   按钮：选择最前面一个封装。

   >>   按钮：选择最后面一个封装。

   >   按钮：选择下一个元器件封装。

（4）编辑按钮控制区。

　　Rename... 按钮：对当前选中的元器件封装重新命名。单击该按钮，可以输入新的封装名。

　　Place 按钮：将当前选中的元器件封装放置到激活的 PCB 文件中。如果当前没有激活的 PCB 编辑窗口，则可以创建一个新的 PCB 文件，将所选元器件放置其中。

　　Remove 按钮：将当前选中的元器件封装从封装库中删除。

　　Add 按钮：在元器件封装库中载入新的元器件封装。

（5）　**UpdatePCB** 按钮：更新按钮，将元器件封装的修改结果更新到激活的 PCB 设计文件中。如果在某 PCB 电路板文件中使用了某一元器件的封装，并在元器件封装库中对该元器件封装做了修改，此时单击此按钮，将会使 PCB 编辑器中的元器件封装改动。

（6）引脚浏览区：该区域中列出了元器件封装所有引脚焊盘的编号。

　　Edit Pad... 按钮：编辑焊盘按钮。选中焊盘的编号 1，单击该按钮，打开编辑焊盘属性的对活框。

　　Jump 按钮：跳转按钮。选中焊盘的编号 1，单击该按钮，在工作区中放大显示出所选的焊盘。

9.2　利用向导制作 PCB 元器件封装

　　在 Protel 99SE 中，制作元器件封装的方法有两种：一是利用元器件封装库编辑器提供的生成向导创建元器件封装，二是手工创建元器件封装。

　　利用系统的生成向导制作元器件封装，对于典型元器件封装的制作来说是非常便捷的；如果元器件封装属于异形封装，那么采用手工制作的方法会更合适。

　　二极管封装的制作：

　　利用生成向导，完成二极管封装的制作，结果如图 9-4 所示。

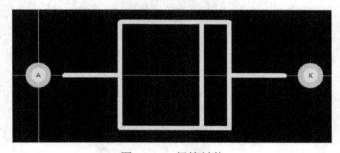

图 9-4　二极管封装

（1）创建数据库文件，并在数据库文件中创建元器件封装库文件。

（2）执行菜单命令 Tools|New Component，或者单击 PCB 封装库浏览器中的 **Add** 按钮，打开 "Component Wizard" 对话框，如图 9-5 所示。

（3）单击 **Next >** 按钮，在打开的对话框中选择二极管封装类型，如图 9-6 所示。

（4）单击 **Next >** 按钮，打开设置焊盘类型的对话框，如图 9-7 所示。

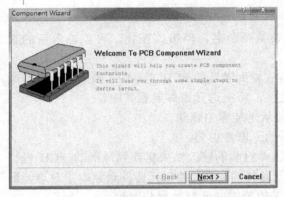

图 9-5 "Component Wizard" 对话框

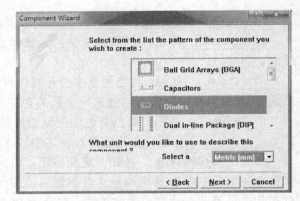

图 9-6 选择二极管封装类型

（5）单击 Next > 按钮，打开设置焊盘尺寸的对话框，如图 9-8 所示。

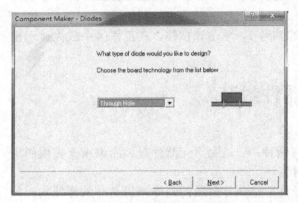

图 9-7 设置焊盘类型的对话框

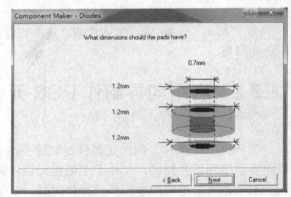

图 9-8 设置焊盘尺寸的对话框

（6）单击 Next > 按钮，打开设置二极管焊盘间距的对话框，如图 9-9 所示。

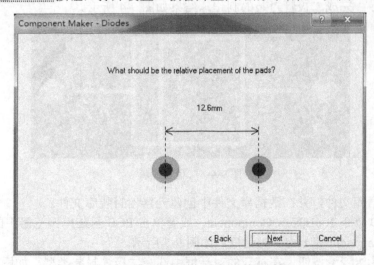

图 9-9 设置二极管焊盘间距的对话框

（7）单击 Next > 按钮，打开设置二极管外形的高度和线宽的对话框，如图 9-10 所示。

（8）单击 Next > 按钮，在打开的对话框中为新建的元器件封装命名，如图 9-11 所示。

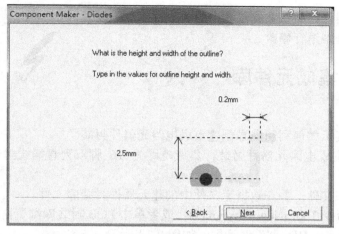

图 9-10　设置二极管外形的高度和线宽的对话框

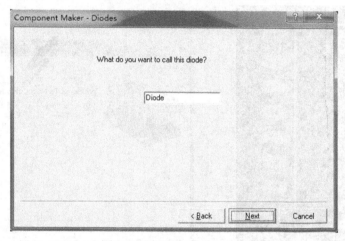

图 9-11　为元器件封装命名

（9）单击 **Next >** 按钮，完成对元器件封装的所有设置，如图 9-12 所示。

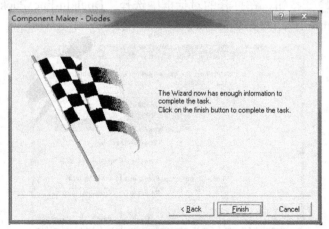

图 9-12　完成封装创建的对话框

（10）单击 Finish 按钮，这时程序自动产生如图 9-4 所示的元器件封装。

如果在设置元器件封装参数的过程中想要更改以前的设置，可以单击 <Back 按钮返回到前一次的设置对话框中进行修改。

9.3　创建集成元件库

通过以下案例展示如何利用向导创建集成电路元器件封装。

利用向导创建集成电路元器件封装，集成电路为 16 脚双列直插式封装，结果如图 9-13 所示。

（1）创建数据库文件，并在数据库文件中创建元器件封装库文件。

（2）执行菜单命令 Tools|New Component，或者单击 PCB 封装库浏览器中的 **Add** 按钮，打开"Component Wizard"对话框，如图 9-14 所示。

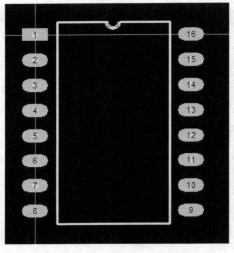

图 9-13　集成电路元器件封装

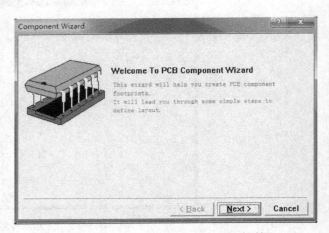

图 9-14　"Component Wizard"对话框

（3）单击 Next > 按钮，在打开的对话框中选择"Dual in-line Package(DIP)"选项，并设置单位为"Imperial(mil)"，如图 9-15 所示。

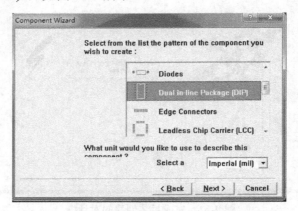

图 9-15　选择"Dual in-line Package(DIP)"选项

（4）单击 Next > 按钮，打开设置焊盘参数的对话框，如图 9-16 所示。

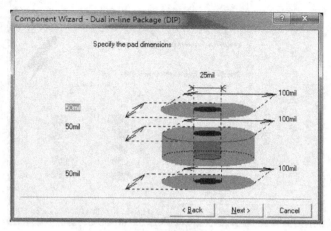

图 9-16　设置焊盘参数的对话框

（5）单击 **Next >** 按钮，打开设置焊盘间距的对话框，如图 9-17 所示。

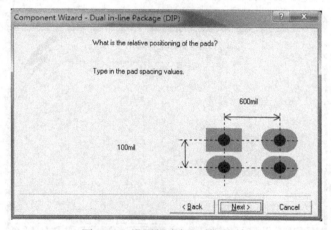

图 9-17　设置焊盘间距的对话框

（6）单击 **Next >** 按钮，打开设置轮廓线宽的对话框，如图 9-18 所示。

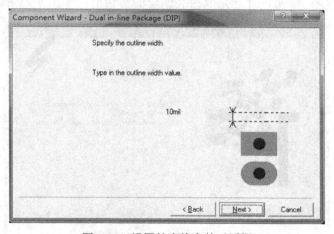

图 9-18　设置轮廓线宽的对话框

（7）单击 **Next >** 按钮，打开设置双列直插封装的焊盘数的对话框，如图 9-19 所示。

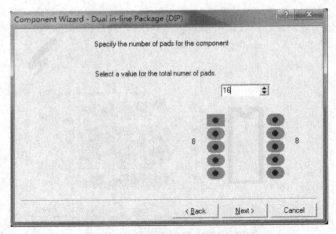

图 9-19　设置双列直插封装的焊盘数的对话框

（8）单击 **Next >** 按钮，打开设置封装名称的对话框，如图 9-20 所示。

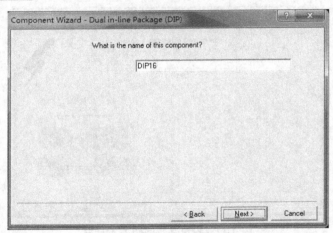

图 9-20　设置封装名称的对话框

（9）单击 **Next >** 按钮，打开完成封装创建的对话框，如图 9-21 所示。

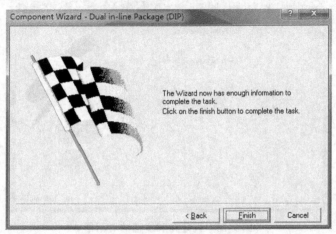

图 9-21　完成封装创建的对话框

（10）单击 [Finish] 按钮，即可在元件库编辑界面的工作区中显示元器件 DIP16，如图 9-13 所示。

封装的焊盘用于定义元器件的焊接位置，而封装的外形轮廓则用于定义元器件在 PCB 上所占用的空间。

9.4 制作简单的元器件封装

二维码 32 制作简单的元器件封装

在绘制电路原理图时对于电感的封装形式，用户最初并没有进行定义，因为在 Protel 99SE 中并没有现成的电感封装，本例将使用的电感外形如图 9-22 所示。本节用手工创建该电感的封装。

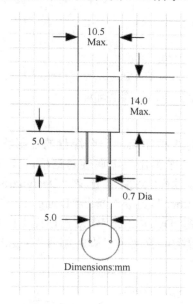

图 9-22 欲使用的电感外形

（1）返回设计数据库的浏览器根目录。

（2）执行菜单命令 File|New，系统弹出新建文件对话框，在对话框中选择 后，单击 [OK] 按钮确定。随后在工作区中出现一个新建的名称为 "PCBLIB1.LIB" 的元器件封装库。

（3）双击打开 "PCBLIB1.LIB"，进入元器件原理图封装库编辑环境，如图 9-23 所示。新建的电路原理图符号编辑器默认建立了一个名为 "PCBCOMPONENT_1" 的空的元器件，鼠标指针所指处为参考基准点，后面的图形绘制工作都要围绕它来进行。当然也可以执行菜单命令 Tools|New Component 新建一个封装。

（4）执行菜单命令 View|Toggle Units 切换尺寸单位为公制，因为如图 9-22 所示电感的说明书上尺寸单位都为公制，切换后会为绘制工作带来便利。

（5）绘制外形轮廓。单击封装绘制工具栏中的 按钮，按键盘上的 Tab 键，在系统弹出的对话框中定义圆的相关参数，如图 9-24 所示。其中最关键的是定义圆的半径 "Radius" 为 "5.5mm"，随后以在第（3）步中的参考基准点为圆心在 "TopOverlay" 层中绘制电感的外形轮廓图。

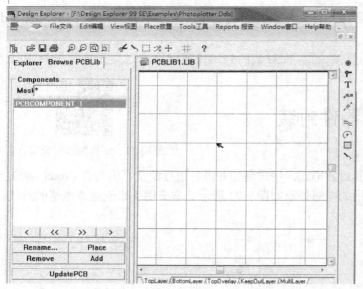

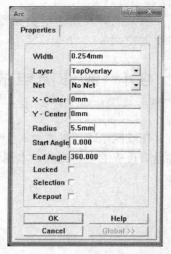

图 9-23　元器件原理图符号封装库编辑环境　　　　图 9-24　定义圆的相关参数

（6）添加引脚焊盘。

① 单击绘制封装工具栏中的 ◉ 按钮后，一个焊盘的虚影将跟随鼠标指针一起移动。

② 按下键盘上的 Tab 键，系统弹出焊盘属性对话框，在该对话框中，可以对焊盘的标号"Designator"、焊盘的直径等参数进行定义。要定义"Designator"，用户必须查明电感 L1 的原理图符号的两个引脚的编号"Number"。封装的标号"Designator"与原理图符号的编号"Number"必须实现对应。可以在电路原理图"DCDC.Sch"中双击电感 L1，在弹出的对话框中选中"Hidden Pins"复选框后确定，用户可以看到电感两个引脚的编号"Number"和名称"Name"，如图 9-25 所示。

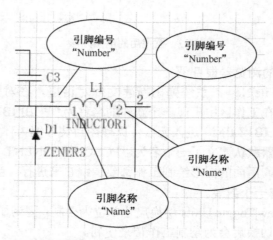

图 9-25　电感原理图符号的引脚编号"Number"及名称"Name"

③ 定义两个焊盘的标号"Designator"分别为"1"、"2"，焊盘"X-Size"及"Y-Size"设定为"1.6mm"，孔径"Hole Size"为"0.8mm"，如图 9-26 所示，随后按照图 9-22 所示将两个焊盘之间的距离设置为"5mm"，初步绘制完成的电感封装如图 9-27 所示。

（7）为了便于封装表达元器件的功能，利用绘制圆弧工具和绘制直线工具在"TopOverlay"

层绘制电感符号，最终绘制完成的电感封装如图 9-28 所示。

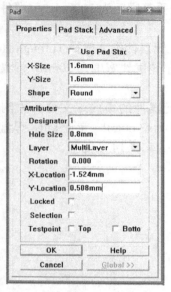

图 9-26　焊盘属性对话框

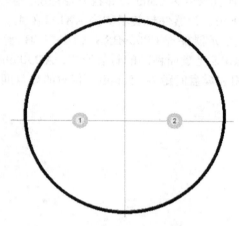

图 9-27　初步绘制完成的电感封装

（8）执行菜单命令 Tools|Rename Component...，系统弹出更改封装名称对话框，如图 9-29 所示，填入新的封装名称"INDUCTOR"，单击 OK 按钮完成更名。

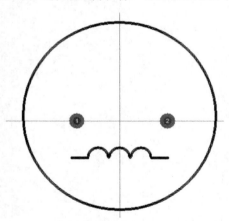

图 9-28　最终绘制完成的电感封装

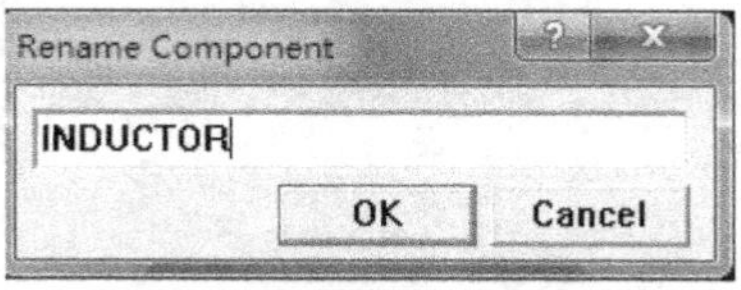

图 9-29　更改封装名称对话框

通过以上步骤就完成了电感封装的创建工作。

习题

1．启动 PCB 元器件封装编辑库，如何打开"Component Wizard"对话框？

2．简述手工创建元器件封装的过程。

3．简述由向导创建元器件封装的过程。

4．分别利用手工方式和向导方式创建元器件封装 DIP-8 及 AXIAL-0.4。要求：

（1）DIP 封装样式。单位选择 Imperial（英制），通孔尺寸为 32mil，焊盘外形轮廓尺寸为 50mil，外形轮廓线宽度为 10mil，设置水平间距为 320mil，垂直间距为 100mil，元器件封装名称为 DIP-8。

（2）AXIAL-0.4 封装样式。单位选择 Imperial（英制），元器件类型选择 Through Hole（针脚式），通孔尺寸为 33mil，焊盘外形轮廓尺寸为 55mil，外形轮廓线宽度为 10mil，焊盘水平间距为 400mil，元器件封装名称为 AXIAL-0.4。

5．为元器件 AD9059BRS 制作 PCB 封装，并建立元器件的集成库文件。本例绘制的 AD9059BRS 是表面粘贴的封装形式，AD9059BRS 焊盘尺寸为长 60mil，宽 15mil，焊盘相对位置为：相邻焊盘间距为 25.6mil，相对的焊盘间距为 260mil，有 2×14 个焊盘。

第 10 章

打印/输出设计文件

本章知识点：
- Protel 99SE 中打印机的设置方法
- 打印电路原理图的方法
- 打印 PCB 的方法

基本要求：
- 掌握 Protel 99SE 中打印机的设置方法
- 掌握 Protel 99SE 中电路原理图及 PCB 图的打印方法

能力培养目标：

通过本章的学习，了解 Protel 99SE 中打印与输出相关设计文件的方法。

完成设计工作之后，除了需要将设计文件保存在计算机磁盘中以便日后查阅外，往往还需要将这些设计文件通过打印机或者绘图仪打印和绘制出来，以供检查、校对及存档。由于最常用的打印输出设备是打印机，故下面仅介绍通过打印机输出设计文件的操作方法。

10.1　设置打印机

由于在 Protel 99SE 中是以不同的颜色来区分 PCB 图的各个工作层面的，因此如果打印机不是彩色的，则打印出来的效果可能并不理想，这时可采用分层打印。另外，由于计算机可能安装有多个打印机，因此在进行打印之前一般都需要进行参数设置，包括设置图纸大小、需要打印的工作层面和打印比例及需要选择的打印机等内容。

打开需要打印的文件，执行菜单命令 File|Setup Printer，就会弹出如图 10-1 所示的打印机设置对话框。

单击打印机设置对话框中右上角的 **roperties.** 按钮，则可进入如图 10-2 所示的其他打印项目设置对话框。

在其他打印项目设置对话框中，可以设置纸张类型、打印方向等。

图 10-1　打印机设置对话框

图 10-2　其他打印项目设置对话框

10.2　打印电路原理图

二维码 33　打印原理图设置

需要打印电路原理图时，只需要打开需要打印的电路浏览图，然后执行菜单命令 File|Print。随后系统就会按照预先设定的格式在指定的打印机中打印出来。

10.3　打印 PCB 图

由于 PCB 图是由很多图层组合起来的，故打印 PCB 图与打印电路原理图的方法稍有不同。下面介绍其具体操作方法。打印 PCB 图时，要先设置打印机及打印层次等参数。

打开需要打印的 PCB 文件，然后执行菜单命令 File|Setup，就会弹出如图 10-3 所示的打印

机选择对话框。

在打印机选择对话框中选择一个需要使用的打印机。本例中选择的打印机型号是 Canon BJC-1000SP Final，读者可以根据自己安装的打印机型号选择。

单击图 10-3 右下角的 Layers... 按钮，即可进入如图 10-4 所示的输出图层设置对话框。

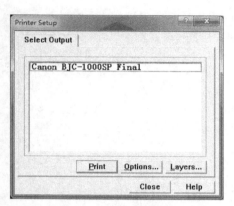

图 10-3　打印机选择对话框

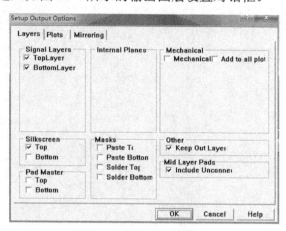

图 10-4　输出图层设置对话框

选中相应图层名称复选框，单击"OK"按钮确认，然后单击图 10-3 中的 Print 按钮，即可将该图层打印出来。若需要将多个图层同时打印出来，则可以同时在如图 10-4 所示的对话框中选中它们。

需要注意的是，对于双面 PCB 及多层 PCB 而言，顶层信号层与底层信号层最好不要同时选中，否则打印出来后，这些图层会挤在一起，严重影响视觉效果。

习题

1．简述进行打印输出时，首先要对打印机进行设置的具体内容。
2．打印效果不理想时可采用什么处理办法？
3．打印双面 PCB 及多层 PCB 时需要注意什么？

反侵权盗版声明

电子工业出版社依法对本作品享有专有出版权。任何未经权利人书面许可，复制、销售或通过信息网络传播本作品的行为，歪曲、篡改、剽窃本作品的行为，均违反《中华人民共和国著作权法》，其行为人应承担相应的民事责任和行政责任，构成犯罪的，将被依法追究刑事责任。

为了维护市场秩序，保护权利人的合法权益，我社将依法查处和打击侵权盗版的单位和个人。欢迎社会各界人士积极举报侵权盗版行为，本社将奖励举报有功人员，并保证举报人的信息不被泄露。

举报电话：（010）88254396；（010）88258888

传　　真：（010）88254397

E-mail：   dbqq@phei.com.cn

通信地址：北京市海淀区万寿路 173 信箱
　　　　　电子工业出版社总编办公室

邮　　编：100036